【日】熊谷裕子／著　龚亭芬／译

•熊谷裕子的甜点教室•

幸福美感小饼干

The cookies of delicate

光明日报出版社

CONTENTS 目 录

小丑
16

蒙蒂翁·萨布雷酥饼
18

林兹·萨布雷酥饼&
巧克力蝴蝶饼
20

路克丝
22

可可·开心果萨布雷
酥饼&可可萨布雷酥饼
26

砖瓦饼干&斑马饼干
28

麦岚绮饼干
30

蔷薇饼
35

米兰酥饼
36

圣诞饼
38

关于材料

* 砂糖。使用上白糖或精白砂糖都可以。若特别指定"糖粉"或"精白砂糖"，请依指示使用。
* 鲜奶油。使用动物乳脂肪含量35%~36%的鲜奶油。
* 揉面团时尽量使用高筋面粉作为手粉。若没有高筋面粉，使用低筋面粉也可以。

关于器具

* 依材料分量使用合适的搅拌盆、打蛋器。分量少却使用过大的搅拌盆，可能无法顺利打发蛋白，也无法充分搅拌面糊。
* 事先将烤箱预热至指定的温度。
* 烘烤时间和温度会依烤箱的机种而有所不同，务必视烘烤情况自行加以调整。
* 书中使用的模具与盛装饼干的礼盒都可以在烘焙原料店等地购得。

专栏

兼具味觉与视觉!

来做精致的手工饼干吧!

饼干耐放又易于携带,是非常适合用来当做礼物的甜点。但是,将出炉的饼干直接上桌,无论款待客人还是致赠亲友,似乎稍嫌不够体面。

因此本书将为大家介绍一些技巧,从装饰外表、添加风味粉、组合不同面团等方式着手,只要多费点心思,就能同时提升视觉与味蕾的享受。现在就让我们以制作出不输饭店和甜品专卖店等级的"精致饼干"为目标!

打造视觉飨宴的诀窍

　　饼干要做得美味可口又赏心悦目，最重要的诀窍就是"讲究又细心地进行每一个步骤"。对制作甜点已经得心应手的您，不妨重新温习一遍吧！

制作面糊

　　想要有松脆的口感，就不要过度揉捏面团；想以挤花方式成形，就要将面糊充分搅拌至滑顺状态，不同的食谱会有不同的制作诀窍。请大家务必先确认各种面团的制作诀窍，再着手制作。

　　使用食物调理机比手工搅拌更省时、省力，面团状态也较佳。选用合适的制作器具，有助于提升成品色香味的完成度。

成形

　　饼干要兼具视觉与味觉，塑形方面绝对不可马虎。粗细一致、线条笔直，多费点功夫就能使烘焙成品匀称又美观。另一方面，面团先冷却再塑形，烤好的饼干较不易塌陷，外观也较为完整漂亮。

　　"反正最后还会装饰，形状不是太丑就好。"这种偷工减料的态度绝对不可以！想要有美丽的成品，讲究且谨慎的塑形也是极为重要的一个步骤。

烘烤

　　烘烤至表面呈金黄色、烘烤颜色较浅、使用低温干燥、完全不见烘烤颜色等，不同类型的面团会有不同的烘烤方式，而呈现出来的烘烤状态也会不一样。

　　食谱上仅简单记录了烘烤时间与温度，实际操作时要视烤箱机种加以调整火力强弱，并要随时确认饼干的烘焙状况，进行微调。

装饰

　　饼干出炉后用果酱、巧克力装饰，筛上糖粉，以各种方式增添口感与风味。即使是最后的涂抹巧克力酱等收尾工作，都不可以马虎了事，一定要非常讲究且细心地坚持到最后一刻！

美味烘焙的
基本材料

低筋面粉

饼干吃起来松脆，主角就是低筋面粉。只要烤透，就不会有粉味，香气也会慢慢散发出来。面粉加水搅拌会出筋，并会产生黏性，黏性越强，烤出来的饼干会越硬。若想烤出松脆口感，诀窍就在于不要过度搅拌，降低面团的黏性。我个人偏好使用日清制粉的低筋面粉"Ecriture"，采用100%法国产的小麦，烤出来的饼干松脆无比。

淀粉类
（玉米粉、澄粉等）

用玉米粉（玉米淀粉）、澄粉（小麦淀粉）取代部分低筋面粉，饼干的口感会更加松脆。这是因为淀粉会切断麸质，使低筋面粉不易出筋。但如果全用淀粉制作饼干，饼干不易成形，硬度也会不够。务必搭配低筋面粉和淀粉一起使用。

无盐黄油

黄油具有使饼干酥脆的作用，黄油比例越高，口感越酥脆。另一方面，黄油的油脂会包覆低筋面粉粒子，不易形成麸质。黄油若融化成液体状，这种效果会减弱，因此不要过度融化黄油，只需软化至一定程度就好。

使用食物调理机时，可将固体状黄油直接放入搅拌，这样就能简单做出酥脆口感的面糊。

糖粉

糖粉是纯度较高的精白砂糖磨成的粉末，口感较轻脆，甜度也较高雅。由于白砂糖比较湿润，制作饼干时使用糖粉较为合适。

糖粉不仅可以增加甜味，还具有烘烤后上色与增添香气的作用。若为了降低甜度而大量减少糖粉用量，烤出来的饼干会偏白，无法呈现金黄的烘烤色。

糖粉以外的糖类

枫糖浆和黑糖能够增添独特风味与香气，但如果用这两种糖完全置换掉糖粉，味道可能过于强烈，建议与糖粉掺杂在一起使用。颗粒状的糖不易溶解在面糊中，而且会留下糖粒，因此使用粉末状的糖较为合适。

水分

将牛奶或鸡蛋等水分加入低筋面粉和黄油中，才能慢慢揉成面团，烤出来的饼干也才有一定的硬度。水分过多，不仅无法揉捏成形，烤出来的成品也不漂亮。另一方面，粉料与水加在一起后，若搅拌过度，烘烤时容易变硬，所以要特别注意勿过度搅拌。

美丽装饰的
风味材料

披覆用巧克力

　　制作饼干专用的巧克力称为"调温巧克力"，使用前需要先调节温度。但为了节省时间与精力，通常会改用加了卵磷脂等油脂的巧克力，而这种巧克力称为"披覆用巧克力"（非调温巧克力），融化后即可直接淋在饼干上。

　　烘焙原料店里除了黑巧克力、牛奶巧克力、白巧克力外，还可以买到抹茶、草莓、柠檬等有独特风味的披覆用巧克力。气温较高的季节里，要将巧克力置于冰箱冷藏室里保存。

防潮糖粉
（装饰糖粉）

　　糖粉的外表若多披覆一层油脂，就称为防潮糖粉。这种糖粉不会因吸收水气而受潮。防潮糖粉用于装饰，不与面糊搅拌在一起使用。可与抹茶粉、草莓粉等有缤纷色彩及迷人香气的风味粉搅拌在一起使用，撒满整块饼干也非常漂亮。另外，防潮糖粉因外表多披覆了一层油脂，甜度通常较一般糖粉低。可在烘焙原料店里购买。

果酱

　　果酱可用于饼干的夹层、装饰，也可作为淋酱，一次搞定色香味。想要涂抹得又薄又均匀，可在烘焙原料店购买已过筛的果酱。若没有已过筛的果酱，也可以自行使用筛网过筛后使用。

　　一般最常使用的是带点微酸味的杏桃果酱。想要增添红色鲜艳色彩时，可以改用覆盆子果酱。

抹茶、即溶咖啡、焙茶粉

　　只要在面团里加入茶类等粉料，就能轻松增添风味，非常方便。风味粉料一旦开封，香气容易散发，所以若不能一次使用完毕，须置于冰箱冷藏或冷冻，并尽早用完。

坚果、水果干

　　将坚果、水果干装饰在饼干上，增添口感与酸甜风味的同时，外观也会因此变得更加华丽。使用放置一段时间的坚果或水果干，香气与颜色会较差，因此务必使用新鲜食材。若不能一次使用完毕，须妥善密封并置于阴凉处或冰箱冷藏室里保存。

金箔糖、银箔糖

　　巧克力淋酱上撒一些裹有金箔或银箔的糖珠，饼干顿时变得金碧辉煌、豪华富丽。可于烘焙原料店里购买。

冷冻干燥草莓粉

　　将新鲜的草莓冷冻，然后研磨成粉。可与防潮糖粉搅拌在一起，撒在饼干上；可与披覆用白巧克力搅拌在一起，为饼干换上新装，还可以增添一股天然的草莓香气。冷冻干燥草莓粉容易受潮，所以开封后要尽早使用完毕。可在烘焙原料店购买。

精致度升级的
装饰技法

用坚果、
水果干装饰

坚果或水果干能为饼干增添华丽色彩与迷人口感。若将水果干一起放入烤箱烘烤，容易烤焦，建议饼干出炉后再将巧克力或果酱作为黏着剂装饰在饼干上。

将坚果放在面团上一起放入烤箱烘烤时，须使用生坚果。烘烤面团的同时也烘烤坚果，让香气渗透到面团里。配合饼干大小与整体外观，将坚果切成适当大小。

将整颗坚果装饰在烤好的饼干上时，要事先烘烤坚果。核桃、杏仁等颗粒较大的坚果，以180℃的烤箱烘烤8～10分钟；榛果等则烘烤6～7分钟。烘烤时间依坚果大小加以调整，约烘烤至中间部位呈淡淡金黄色的程度就好。

放入烤箱前，将切碎的坚果撒满面团，直到看不见面团表面为止。抖掉多余的坚果时，小心不要破坏面团外形。

涂抹蛋液

涂抹蛋液（Dorure），指的是在面团上涂抹打散的蛋液，这是一种为饼干增色添光泽的技法。若使用全蛋，水分会过多，所以通常会用蛋黄加上少量水或蛋白涂抹。为了易于涂抹，有时也会加入少许盐去除蛋筋，或者为了凸显烘烤后的金黄色而加入少许砂糖。另外，也可以添加较浓的即溶咖啡液，既可增色亦可添香。

1 尽量让刷子平贴饼干，均匀地将蛋液涂抹在整个表面。

2 涂抹好蛋液后，用竹签或叉子前端描画花纹，烤好时美丽的图案就会浮现。另外，描画花纹时，尽量放平竹签或叉子，不要用力刺进面团中。

涂抹得太薄或太厚，烤出来都不漂亮。

涂刷杏桃果酱

涂刷杏桃果酱，增添光泽感的技法。使用已经过筛，不含果肉的果酱（参照P.7）。想要呈现红色或莓果风味时，建议改用覆盆子果酱。含水量高的果酱不易涂抹，所以不适合用在这里。若想凸显色彩，可用少许水溶解食用色素，涂刷于饼干表面。

1 果酱一旦冷却会呈果冻状，所以先将果酱装在稍大的耐热容器中，放入微波炉里加热，变成液体状且稍微沸腾后再使用，并于凝固之前尽快涂刷。

2 放平刷子，在饼干上薄薄地涂抹果酱。想要烤出来漂亮，就要薄且迅速地涂抹，千万不要反复涂得又厚又黏。果酱冷却后会变黏稠，这时要再次加热，同样融化成液体状后再使用。由于温度很高，使用时要小心不要烫伤。

反复涂刷好几次，或者使用冷却凝固的果酱涂刷，这些都是果酱过于厚重且造成颜色斑驳不均的原因。不仅影响外观，果酱的甜度也会过于浓郁。若果酱因冷却凝固，可加入少许水再次加热，但要特别注意，水加得太多，饼干容易潮湿。

裹粉

这是一种将糖粉如细雪般撒在饼干上的技法。饼干会随时间经过而出油，若撒上一般糖粉，糖粉会遇油而逐渐溶解，所以建议使用装饰用不易受潮的防潮糖粉（参照P.7）。糖粉遇热会溶解，所以务必将饼干放凉后再撒上。

想撒得漂亮又均匀，建议使用茶叶滤网等筛子，也有糖粉筛罐等专用道具。

切记要从高处撒糖粉，若太靠近饼干，糖粉会过于集中。若使用茶叶滤网，建议用手指边轻敲边撒。轻薄地撒上一层，或者撒至表面一片雪白，饼干外观会因糖粉的用量而给人截然不同的感觉。

将饼干整体撒上糖粉时，可将数个饼干与防潮糖粉一起装入塑料袋中，然后轻轻摇晃塑料袋，让饼干完全裹上糖粉。若饼干易碎，就将饼干和糖粉一起放在搅拌盆中，用手轻拨，直到饼干全部裹上糖粉。

可将防潮糖粉与抹茶粉、冷冻干燥草莓粉搅拌在一起使用，为饼干增添色彩与风味。

巧克力淋面

这是一种让单调的饼干瞬间变高雅的技法。披覆用巧克力（参照P.7）不耐高温，过热容易变质，务必使用隔水加热方式融化巧克力，并且注意勿让温度超过45℃。

1 小锅里加入少量水，开火加热。一沸腾就熄火，将装有披覆用巧克力的搅拌盆放入小锅里。在不开火的状态下，将巧克力搅拌至滑顺状。若锅里的水不小心溢入搅拌盆中，盆里的巧克力便无法使用，因此务必谨慎处理。

2 将烤好的饼干浸在融化成液体状的巧克力酱中，轻轻甩掉多余的巧克力酱，置于烘焙纸上，连同烘焙纸一起放入冰箱冷藏室中冷却凝固。请特别留意，若过度甩动，饼干可能会碎裂。

若不甩掉多余的巧克力酱，置于烘焙纸上凝固后，便无法呈现饼干原本漂亮又完整的外形。

融化巧克力时，若巧克力温度过高，当巧克力再次冷却凝固时，表面会形成小小的白斑，称为油斑（fat bloom）。

裹糖衣

在饼干表面涂刷一层薄薄的糖衣，干燥后会呈现如雾面玻璃般纤细透明的装饰技法。这里使用的糖衣是在糖粉中加入柠檬汁、水、蛋白等水分，然后搅拌成糊状。加入柠檬汁可呈现白雾状；加入蛋白则可使糖衣迅速干燥。

水分较多的糖水镜面。

水分较少的皇家糖霜。

糖衣可分为水分较少，较黏稠且浓郁的"皇家糖霜（glace royale）"，以及水分较多，流动性大且稀薄的"糖水镜面（glaces à l'eau）"2种。糖衣越浓郁，成品越白；越稀薄，成品则会呈现半透明感。

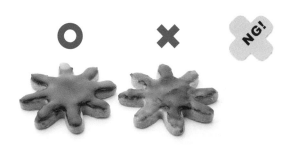

既要涂刷果酱，又要涂抹糖衣时，底层的果酱一定要涂刷均匀，否则表面的糖衣会凹凸不平。另外，为避免甜度过高，果酱和糖衣都薄薄涂抹一层就好。涂抹时抹刀尽量贴平饼干，迅速且薄薄地涂抹。

可以在涂刷完果酱后再涂抹一层糖水镜面。放入烤箱稍微烘烤，就会呈现透明感。

简单创意，
基本款小饼干也能美轮美奂

从3种基本面糊开始做起

打好基本功，是做出造型、口味俱佳的饼干捷径。中级者请从多变切模类型、冰箱小西饼类型、造型挤花类型等3种基础面糊开始做起。找回手感，确认能够完美呈现这三种基本款后，再试着从增添风味、改变造型等方法着手，制作丰富又多样化的手工饼干。即使是最简单、最基本的面糊，只要在塑形与装饰上多费点心思，呈现出来的成品必定是一场全新的视觉飨宴。

多变切模类型

使用擀面棍压平面团，再用各种切模压切形状的类型。要把面团擀得又薄又均匀且出炉时不会碎裂，面团需要水分少又带点硬度。搅拌面团时要避免空气进入，这样才不会因面团过度膨胀而导致饼干变形。

1单位的基本材料

低筋面粉	70g
糖粉	25g
杏仁粉	25g
无盐黄油	50g
牛奶	4g

基础面团步骤

1 在食物调理机中倒入不过筛的低筋面粉、糖粉和杏仁粉，再加入固体状的黄油，搅拌至细末状态。

2 若还有黄油颗粒，继续搅拌至没有颗粒的松散状。

3 以绕圈方式加入牛奶，然后反复开关食物调理机，慢慢搅拌。

4 慢慢搅拌至没有粉末，呈湿润松散状就完成了。若有结块或呈滑顺泥糊状，就是搅拌过度，做出来的饼干会过黏、过硬。

5 测试搅拌程度。取少量面糊在手上，握紧后能够捏成一团就可以了。若握紧后无法成形，继续搅拌一下。

加入牛奶后不要持续搅拌，要以反复开关调理机的方式分次搅拌。刚开始是粉末状，但随着搅拌会逐渐变成松散状。

Point

6 将面糊装进塑料袋中揉捏成一团。压成1cm左右的厚度，放入冰箱冷藏室饧面至少1小时。饧面可以让面团更扎实，更容易擀压。

7 在烘焙纸上撒些手粉（材料外），用擀面棍擀成18cm×18cm的面皮，再次放入冰箱冷藏室饧面20分钟左右，或者放入冷冻室10分钟左右。

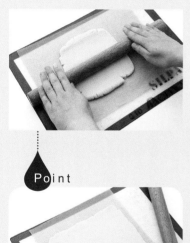

Point

尽可能厚薄一致，烤出来的颜色才会均匀。另一方面，冷却过的面皮在切模时不容易变形。

8 使用直径4.5cm菊花切模压切形状，如图所示，压切面皮时尽可能一个挨着一个，这样才能节省空间。另外，压切前先将擀平的面皮从烘焙纸上拿起再放下，成形的菊花面皮才不会紧紧黏在烘焙纸上。将菊花面皮排列在铺有烘焙纸的烤盘上，每片之间要间隔一定的距离。

9 放入预热至180℃的烤箱中烘烤10～12分钟，直到饼干整体呈现美丽的金黄色。

NG!

如果没有事先冷却面皮就压切形状，移动至烤盘时容易变形或裂开。在面皮变软之前，迅速完成压切作业，这也是诀窍之一。将剩余的面皮再次用保鲜膜包覆，放入冰箱冷藏室饧面，然后以同样方式擀平、压切形状、烘烤。

不使用食物调理机的情况下……

黄油放置室温下回软，使用打蛋器搅拌至滑顺。加入糖粉一起翻搅，再加入牛奶和杏仁粉，用打蛋器搅拌均匀。筛入低筋面粉后，改用橡皮刮刀拌合至没有粉末残留且成团。最后将面团装入塑料袋中，放入冰箱饧面备用。

Harlequin
小丑

双色果酱加上柠檬风味的糖衣，色彩鲜艳迷人。让简单的切模饼干像多姿多彩的小丑一样，变身成色彩丰富的普普风饼干。

材料 约15片分量

使用直径4.5cm圆形切模、玛格丽特菊切模
基础多变切模类型面团（参照P.14）……1单位
刨丝柠檬皮……………………………1/3个份
杏桃果酱、覆盆子果酱（过筛类型）…各适量
糖粉……………………………………30g
柠檬汁…………………………………6g

制作方法

1 参照P.14烘烤饼干。加入牛奶的同时顺便加入刨丝柠檬皮。

2 参照P.9涂刷杏桃果酱。圆形饼干上一半涂刷杏桃果酱，一半涂刷覆盆子果酱。玛格丽特菊饼干涂刷一种颜色就好。

3 将糖粉与柠檬汁搅拌在一起，制作糖水镜面，参照P.12在饼干上薄薄裹上一层糖衣。注意抹刀的使用力道，不要刮花果酱。

4 将压切成形的面皮整齐排列在铺有烘焙纸的烤盘上。放入预热至180℃的烤箱中烘烤1分30秒～2分钟。若烘烤过久，糖衣会沸腾，饼干表面就会干巴巴。

Sablée mendiant

蒙蒂翁·萨布雷酥饼

"蒙蒂翁（mendiant）"是一种在硬币形状巧克力上用坚果或水果干装饰的甜点。将蒙蒂翁与饼干结合在一起，松脆口感更加升级。除此之外，这里还将为大家介绍结合原味面团与咖啡面团所制作的大理石花纹面团。大家可依个人喜好，自由搭配不同口味的巧克力与装饰用坚果、水果干。

材料　约16片分量

使用直径4.5cm菊花切模、直径2.5cm圆形切模
基础多变切模类型面团（参照P.14）……… 1单位
披覆用巧克力
（黑巧克力、牛奶巧克力等随意）……约50g
整颗杏仁、腰果 ……………………… 各16颗
开心果 …………………………………… 8颗

※若要制作咖啡面团，请在牛奶中加入3g即溶咖啡粉。

制作方法

1 将杏仁与腰果放入预热至180℃的烤箱中烘烤8～10分钟。开心果切半。参照P.14制作面团，压切形状，这里要用擀面棍将面团擀成20cm×20cm大小的面皮。

2 将压切成形的面皮排列在铺有烘焙纸的烤盘上。用直径2.5cm圆形切模在中间挖一个圆洞。若挖好圆洞才移至烤盘上，菊花面皮容易变形。

3 放入预热至180℃的烤箱中烘烤12分钟，使整体呈金黄色。

4 参照P.11以隔水加热方式融化巧克力，再用汤匙将融化的巧克力酱舀进圆洞中。一旦巧克力凝固，就黏不住上面的装饰食材，建议一次处理2或3个就好。

5 在披覆用巧克力凝固之前，将杏仁、腰果、开心果装饰上去，放入冰箱冷藏室里冷却凝固。巧克力凝固后装进密封容器中，置于阴凉处或冰箱冷藏室里保存。

1 融化披覆用白色巧克力，视颜色变化慢慢地加入冷冻干燥草莓粉。

2 用汤匙将调色好的巧克力舀进圆洞中，再用小红莓干、冷冻干燥草莓片、银色糖珠装饰。

大理石花纹面团

1 将原味面团和咖啡面团捏碎，随意摆放在一起。建议用剩余的面团来制作。

2 用擀面棍将两种面团擀在一起，擀成3～4mm的厚度。将没有形成大理石花纹的部分切割下来，叠在面团上，再次用擀面棍擀平。以同样方式压切形状，放入烤箱中烘烤。

Sablee, Linzer & Bretzel Chocolat
林兹·萨布雷酥饼&
巧克力蝴蝶饼

巧克力蝴蝶饼

林兹·萨布雷酥饼

林兹·萨布雷酥饼是外形非常抢眼的果酱夹心饼干。用榛果粉取代杏仁粉加入面团中，并添加提升整体香气的肉桂粉。

巧克力蝴蝶饼则是在面团里加入可可粉，营造黑巧克力的风味。擀面团时可以稍微将面皮擀厚一些，部分以黑巧克力，部分以白巧克力淋面，增加视觉效果。

林兹·萨布雷酥饼

材料　约5组分量
使用8.5cm×5cm叶子形状切模、
直径2cm圆形切模
柠檬多变切模类型面团

低筋面粉	70g
糖粉	25g
榛果粉	25g
肉桂粉	少许
无盐黄油	50g
牛奶	4g
覆盆子果酱（有果粒也可以）	适量
防潮糖粉	适量

制作方法

1 参照P.14制作面团，压切形状。这里用榛果粉取代杏仁粉，并加入肉桂粉。使用擀面棍将面团擀成22cm×22cm大小的面皮，然后用切模压切成形。剩余的面皮揉成一团，重复擀平、压切形状的程序，共制作10片叶片面皮。

2 将叶片面皮排列在铺有烘焙纸的烤盘上，面皮之间要间隔一定的距离。用直径2cm圆形切模在其中5片叶片面皮上各挖2个圆洞。挖好圆洞再移至烤盘上，叶片容易变形，所以要先将叶片面皮排列在烤盘上再挖圆洞。

3 放入预热至180℃的烤箱中烘烤13～14分钟，使整体呈金黄色。使用糖粉筛罐或茶叶滤网在挖了2个圆洞的饼干上撒满防潮糖粉。

4 用微波炉将覆盆子果酱加热至液体状，趁热涂抹在没有挖圆洞的饼干内侧。若果酱冷却，就再次加热。

5 将3贴合在抹有果酱的饼干上。

巧克力蝴蝶饼

材料　约11片分量
使用直径6cm附弹簧的蝴蝶饼切模
可可多变切模类型面团

低筋面粉	60g
糖粉	25g
杏仁粉	25g
可可粉	12g
无盐黄油	50g
牛奶	4g
披覆用巧克力	
（黑巧克力或白巧克力）	适量
金粉、银箔糖	各适量

制作方法

1 参照P.14制作面团，压切形状。低筋面粉和杏仁粉、可可粉一起加进去。使用擀面棍将面团擀成20cm×15cm大小的面皮，然后用切模压切成形。将蝴蝶饼形状的面皮排列在铺有烘焙纸的烤盘上。放入预热至180℃的烤箱中烘烤14～15分钟。

2 参照P.11以隔水加热方式融化巧克力，将半边蝴蝶饼浸在巧克力酱中，甩掉多余的巧克力酱。将蝴蝶饼排列在烘焙纸上，撒上金粉糖或银箔糖，放入冰箱冷藏室中冷却凝固巧克力。

Roux roux
路克丝

将薄烤饼干放在浓郁巧克力中。要想享受薄脆的口感，巧克力要尽量薄且匀称。只要改变饼干与巧克力的组合，就能衍生出种类丰富的手工饼干。

材料 约20片分量

使用直径4.5cm圆形切模、底部直径5.5cm硅胶塔模

加入巧克力脆片的多变切模类型面团

基本切模类型面团（参照P.14）·············1单位

甜味黑巧克力（可可脂65%～70%）·············10g

披覆用巧克力（黑巧克力）·············约150g

制作方法

1 参照P.14制作面团，压切形状。在步骤4面团呈松散状时，加入切细碎的巧克力，使用食物调理机搅拌均匀。如果巧克力不切碎，面团不易擀成薄片。将面团擀成23cm×19cm大小的面皮，再用圆形切模压切成圆形面皮。

2 将圆形面皮排列在铺有烘焙纸的烤盘上，面皮之间间隔一定的距离。放入预热至180℃的烤箱中烘烤10分钟，使整体呈金黄色。

3 参照P.11以隔水加热方式融化巧克力，在每个塔模中倒入少量融化的巧克力酱，拿起塔模轻敲工作台，使巧克力酱平铺在塔模底部。巧克力酱约4mm厚。趁巧克力酱尚未凝固前，将2烤好的饼干摆上去。

4 将饼干用力向下压，让饼干与巧克力酱的表面齐高。放入冰箱冷藏室冷却凝固，脱模后放入密封容器中，置于阴凉处或冰箱冷藏室里保存。

没有塔模的情况下，使用烘焙用蛋糕纸杯或锡箔杯也可以。若使用纸杯或锡箔杯，圆形切模的尺寸必须比纸杯、锡箔杯的杯底小一号。

开心果

用1/3个份刨丝柠檬皮取代巧克力制作面团。在压切成形的面皮中央摆上开心果，放入烤箱中烘烤。以隔水加热方式融化150g披覆用白巧克力，加入15g切碎的开心果，以同样方式制作面团。

草莓

用5g市售草莓脆片取代甜味黑巧克力制作面团。烘烤5分钟后，为避免饼干烤成金黄色，将烤箱温度降至170℃后再烘烤5分钟。以隔水加热方式融化披覆用白巧克力，慢慢加入冷冻干燥草莓粉调色，然后以同样方式制作面团。

可可

将低筋面粉减少至60g，加入12g可可粉制作面团。在压切成形的面皮中央摆上熟可可粒，放入烤箱中烘烤。以同样方法处理披覆用牛奶巧克力。

冰箱小西饼类型

　　将揉成长条棒状的面团冷却凝固，切成小块的类型。如其名，先将面团放入冷冻室里冰硬，就可以分切得既漂亮又工整。切片前撒上精白砂糖，出炉的饼干不仅闪闪发亮，口感也充满变化。

1单位的基本材料

低筋面粉	70g
糖粉	35g
杏仁粉	20g
无盐黄油	45g
牛奶	6g
精白砂糖（装饰用）	适量

基础面团步骤

1 在食物调理机里倒入不过筛的低筋面粉、糖粉与杏仁粉，然后加入固体状的黄油，搅拌至细末状态。

2 使用食物调理机继续搅拌至没有黄油颗粒的粉末状。

3 以绕圈方式加入牛奶，然后反复开关食物调理机，慢慢搅拌。

4 搅拌至没有粉末，呈湿润松散状就完成了。若有结块或呈滑顺泥糊状，就是过度搅拌，做出来的饼干会过黏、过硬。

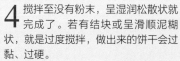

5 测试搅拌程度。取少量面糊在手上，握紧时能够捏成一团就可以了。如果握紧后无法成形，继续搅拌一下。

　　加入牛奶之后不要持续搅拌，以反复开关调理机的方式分次慢慢搅拌。刚开始是粉末状，但随着搅拌会逐渐变成松散状。

Point

6 将面糊置于烘焙纸上，揉捏成一团。用力捏紧，挤出空气的同时滚成长条棒状。面糊过软不易成形时，用塑料袋包起来放入冰箱冷藏室饧面30分钟～1小时，冷却过的面糊比较容易成形。

7 将面团滚成22cm长之后，轻轻撒上手粉（材料外），以滚动方式调整粗细，并使面团表面平滑。将棒状面团置于铺有保鲜膜的托盘上，冷冻30分钟～1小时。

●Point

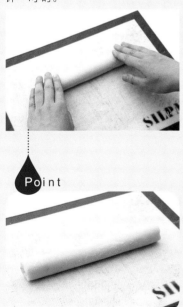

粗细均匀的圆柱状最为理想。面团半结冻的情况下最容易切块。

8 将棒状面团置于干净湿布上滚动，表面有点湿润容易沾黏精白砂糖。

9 将精白砂糖倒在铺有保鲜膜的托盘上，再将棒状面团置于精白砂糖上滚动一圈，薄薄地、均匀地裹上砂糖。

NG!

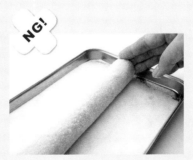

勿用力滚压棒状面团，沾裹过多砂糖的面团烘烤时会松软变形。

10 用刀切片，每片约1cm厚。要特别注意，切片面团的厚度要一致，烤出来的颜色才不会斑驳不均。将片状面团排列在铺有烘焙纸的烤盘上，面团之间要间隔一定的距离。

11 放入预热至180℃的烤箱中烘烤10分钟后，改170℃再烘烤5～7分钟。烤至里面呈金黄色，表面中心部位还有些留白。

不使用食物调理机的情况下……

黄油放置室温下回软，使用打蛋器搅拌至滑顺。加入糖粉一起翻搅，再加入牛奶和杏仁粉，用打蛋器搅拌均匀。筛入低筋面粉后，改用橡皮刮刀拌合至没有粉末残留且成团。将面团装入塑料袋中，放入冰箱冷藏室中饧面30分钟～1小时备用。

Coco Pistache & Sablée Cacao

可可·开心果萨布雷酥饼&
可可萨布雷酥饼

　　基础面糊上增添坚果香气与颗粒外观，两种口感绝佳、风味不同的萨布雷酥饼。正方形的可可·开心果萨布雷酥饼，椰子细丝搭配开心果，青翠草绿色亮丽点缀。可可萨布雷酥饼搭配香气迷人的熟可可粒，最后用杏仁点缀。

可可·开心果萨布雷酥饼

可可萨布雷酥饼

可可·开心果
萨布雷酥饼

材料　约40片分量

基础冰箱小西饼类型面团
　（参照P.24）·············1单位
椰子细粉·····················10g
开心果·······················10g
精白砂糖（装饰用）···········适量

※没有椰子细粉时，可以将椰子丝条切
成细丝使用。

制作方法

1 参照P.24制作面团。在步骤4面团
　呈松散状时，加入椰子细粉和切碎
的开心果，使用食物调理机拌匀。

2 将面团分成2等份，分别用力捏
　紧，挤出空气的同时揉捏成18cm
长的长方体，切面呈正方形。放入冰箱
半结冻，同P.25步骤8～9撒上精白砂
糖，再切成9mm厚的片状。放入预热至
180℃的烤箱中烘烤5分钟后，改170℃
再烘烤7～8分钟。

可可萨布雷酥饼

材料　约36片分量

基础冰箱小西饼类型面团
　（参照P.24）·············1单位
熟可可粒·····················20g
精白砂糖（装饰用）···········适量
杏仁馅
　无盐黄油···················10g
　砂糖·······················10g
　全蛋·······················10g
　杏仁粉·····················10g
　整粒杏仁···················适量

制作方法

1 用熟可可粒取代椰子细丝和开心
　果，与可可·开心果萨布雷酥饼同
样方法制作面团。将面团分成2等份，
分别滚成15cm长的圆柱状，放入冰箱
半结冻，使面团变硬。

2 制作杏仁馅。在室温下回软的黄油
　中依序加入砂糖、全蛋和杏仁粉，
搅拌均匀。

3 同P.25步骤8～9撒上精白砂糖，切
　成9mm厚的圆片状，排列在烘焙纸
上。

4 将杏仁馅填入塑料制挤花袋中，前
　端剪开，在圆片状面团上挤一条直
线。

5 纵向切开生杏仁，摆在杏仁馅上，
　轻压进去。放入预热至180℃的烤
箱中烘烤5分钟后，改170℃再烘烤
7～8分钟。

Brique & Zebre
砖瓦饼干&斑马饼干

黑巧克力风味的可可加上巧克力脆片和杏仁片，外观如同复古砖块的砖瓦饼干。长方体外形，即使切块也不会变形，建议入门者可以尝试。熟练之后再试着挑战制作搭配原味面团的斑马饼干。

砖瓦饼干

斑马饼干

砖瓦饼干

材料　约17片分量

加入可可粉的冰箱小西饼类型面团

低筋面粉	65g
可可粉	12g
糖粉	35g
杏仁粉	20g
无盐黄油	45g
牛奶	6g
杏仁片	20g

甜味黑巧克力

（可可脂65%～70%）…………10g

精白砂糖（装饰用）…………适量

制作方法

1 参照P.24制作面团。将可可粉与粉料一起加入，在步骤4面团呈松散状时，加入杏仁片与切碎的巧克力，使用食物调理机拌匀。要特别注意，若搅拌过度，杏仁片会变成粉末。

2 将面团用力捏紧，挤出空气的同时滚成14cm长的棒状，然后塑形为长14cm、宽6cm的长方体。放入冰箱半结冻使面团变硬，同P.25步骤8～9撒上精白砂糖，再切成8mm厚的片状。放入预热至180℃的烤箱中烘烤10分钟后，改170℃再烘烤10～12分钟。

斑马饼干

材料　约20片分量

基础冰箱小西饼类型面团

（参照P.24）…………………1单位

加入可可粉的冰箱小西饼类型面团

低筋面粉	22g
可可粉	4g
糖粉	12g
杏仁粉	7g
无盐黄油	15g
牛奶	2g
杏仁碎	10g

精白砂糖（装饰用）…………适量

制作方法

1 参照P.24制作基础面团，取1/4分量，参照砖瓦饼干制作可可面团。这里改用杏仁碎取代杏仁片和巧克力。

2 轻轻撒上手粉（材料外），取3/4的基础面团和可可面团分别用擀面棍擀成18cm×15cm大小的面皮。

3 将可可面皮摆在基础面皮上，用擀面棍将面皮擀成边长18cm的正方形。

4 将正方形面皮分切成3等份。

5 将3块面皮整齐叠在一起。

6 在剩余的基础面团上撒点手粉，用擀面棍擀成18cm×6cm大小的面皮，然后整齐叠于5上方。放入冰箱半结冻，使面团变硬。

7 同P.25步骤8～9撒上精白砂糖，切成8mm厚的片状。放入预热至180℃的烤箱中烘烤10分钟后，改170℃再烘烤10分钟。

芋头口味

抹茶口味

咖啡可可口味

Mélanger
麦岚绮饼干

色彩鲜艳的面团搭配原味面团，美丽有趣的图案呈现在眼前。规则的图案、随性的花纹，不同组合带来丰富的外观与口感。而好吃的诀窍在于无论哪一种图案，揉捏成形时都要将空气挤压出去。

咖啡可可口味

材料　约30片分量

咖啡口味面团
　基础冰箱小西饼类型面团
　（参照P.24）……………………1单位
　即溶咖啡粉……………………………3g
可可口味面团
　基础冰箱小西饼类型面团
　（参照P.24，低筋面粉减为65g）
　…………………………………1单位
　可可粉…………………………………12g
精白砂糖（装饰用）……………………适量

制作方法

1 参照P.24制作咖啡口味和可可口味面团。制作咖啡口味面团时，将即溶咖啡粉泡在牛奶里；制作可可口味面团时，将粉料与可可粉一起加进去。为了易于成形，每种面团各分成2等份。

2 捏碎两种面团（各一半的分量就好），再随意排列在一起。

3 将随意排列的面团揉捏在一起，挤出空气的同时滚成24cm长的棒状。

4 将棒状面团折成3等份，再次揉捏成团，挤出空气的同时滚成24cm长的棒状。

5 重复一次步骤4，但这次滚成16cm长的棒状。各剩一半的面团也以同样方式滚成16cm长的棒状。

6 放入冰箱半结冻使面团变硬。同P.25步骤8～9撒上精白砂糖，再切成1cm厚的圆片状。放入预热至180℃的烤箱中烘烤7分钟后，改170℃再烘烤11分钟。

芋头口味

材料　约30片分量

基础冰箱小西饼类型面团
（参照P.24）…………………2单位
芋头粉（市售）…………………8g
精白砂糖（装饰用）……………适量

制作方法

1 制作基础冰箱小西饼类型面团与加了芋头粉的芋头口味面团各1单位。两种面团各分成2等份，各取一半揉捏成团。撒上手粉（材料外），用擀面棍各自擀成12cm×10cm大小的面皮。

2 将芋头面皮叠在基础面皮上，长边切成3等份。

3 将两种面皮叠在一起，短边对半切。

4 将其中半边翻面，将两个半边的面团紧靠在一起。

5 用力捏在一起，挤出空气的同时滚成16cm长的棒状。各剩一半的面团也以同样方式成形。最后如同咖啡可可口味的步骤6，放入烤箱中烘烤。

抹茶口味

材料　约30片分量

基础冰箱小西饼类型面团
（参照P.24）…………………2单位
抹茶………………………………3g
精白砂糖（装饰用）……………适量

制作方法

1 制作基础冰箱小西饼类型面团与加了抹茶粉的的抹茶口味面团各1单位。两种面团各分成2等份，各取一半揉捏成团。撒上手粉（材料外），用擀面棍各自擀成15cm×10cm大小的面皮。将抹茶面皮叠在基础面皮上。

2 将面皮向前卷，卷紧以挤出空气。卷到末端时用力捏紧。

3 挤出空气的同时滚成24cm长的棒状。

4 分成3等份，将其中一份叠在另外两份的中间。

5 用力捏在一起，挤出空气的同时滚成16cm长的棒状。各剩一半的面团也以同样方式成形。最后如同咖啡可可口味的步骤6，放入烤箱中烘烤。

造型挤花类型

使用中意的花嘴，挤出各种造型并加以烘烤的类型。较另外两种面团多加点水，制作容易挤花的滑顺面糊。制作好的面糊会随时间变硬，因此面糊一完工就必须立即挤花，并在挤花变软之前放入烤箱中烘烤。因面糊里加了蛋白，口感会较为松脆。

1单位的基本材料

使用8齿5号星形花嘴

无盐黄油	45g
糖粉	25g
蛋白	10g
低筋面粉	65g

基础面团步骤

1 黄油放置室温下回软，使用打蛋器搅拌至滑顺状态。黄油太硬时，放入微波炉加热数秒，注意不要过度融化。若使用融化的黄油制作面团，饼干无法呈现松脆口感。

2 加入糖粉，继续使用打蛋器翻搅。搅拌过度会让空气进入，烘烤时容易变形，所以适度搅拌均匀就好。

3 将蛋白分2次加进去，使用打蛋器适度拌匀。

4 筛入低筋面粉，使用橡皮刮刀在搅拌盆中翻搅，直到面糊变滑顺。

5 面糊变滑顺即完成。若继续搅拌，面糊会越来越黏，不仅难以挤花，口感也会变差。

面糊结块，搅拌得不均匀，无法填入挤花袋中，必须充分拌匀。

6 将一半的面糊填入装有星形花嘴的挤花袋中，在铺有烘焙纸的烤盘上间隔地挤出圆形面糊。剩余的面糊也是同样做法。

花嘴太接近烤盘，挤花形状变形。另外，挤花大小与厚度都必须一致，否则烘烤时容易斑驳不均。为了挤花时容易操作，挤花袋中只填入一半分量的面糊就好。

7 放入预热至180℃的烤箱中烘烤5分钟后，改170℃再烘烤8~9分钟。

烤箱没有事先预热或者温度不够，挤花容易变形。另一方面，将挤花置于温度较高的地方，也是造成挤花变形的原因之一。挤花之后若无法立即放入烤箱中烘烤，可暂时放入冰箱冷藏室中。

Rosé
蔷薇饼

减少低筋面粉用量，改以玉米粉取代，嚼感会更加爽口松脆。外形像朵蔷薇花，以螺旋方式挤花，最后撒上糖粉。

材料 约15块分量

使用8齿5号星形花嘴

无盐黄油	45g
糖粉	25g
蛋白	10g
低筋面粉	55g
玉米粉	10g
防潮糖粉（装饰用）	适量

制作方法

1 参照P.33，在低筋面粉中加入玉米粉，以同样方式制作面糊。填入装有星形花嘴的挤花袋中，从中心点以螺旋方式挤2圈，直径约4cm。

2 放入预热至180℃的烤箱中烘烤5分钟后，改170℃再烘烤13～15分钟，充分放凉。塑料袋中倒入防潮糖粉，将饼干放入塑料袋中裹上糖粉，再轻轻甩掉多余的糖粉。

❧ 改良版 ☙

格雷伯爵茶

制作面糊时，粉料与2g切细碎的格雷伯爵茶茶叶一起加进去。将红茶粉（市售）加入防潮糖粉中，视颜色状况适量添加，饼干出炉后撒在饼干上。

草莓

使用与蔷薇饼同样的面糊。将冷冻干燥草莓粉加入防潮糖粉中，视颜色状况添加调色，饼干出炉后撒在饼干上。

Milanese
米兰酥饼

使用平口锯齿花嘴挤花，烤出来的饼干轻薄、酥脆。面糊里添加爽口风味的橙皮，再用杏仁碎和黑巧克力装饰，兼具视觉与口感。可可风味的面糊则用熟可可粒和牛奶巧克力装饰。一款非常适合搭配红茶，口感纤细高雅的饼干。

材料 约20片分量

使用口径1.5cm（2号）平口锯齿花嘴
基础造型挤花类型面团（参照P.33）
·······································1单位
刨丝橙皮·····························1/4个份
杏仁碎·································适量
披覆用巧克力（黑巧克力）·······适量

制作方法

1 参照P.33制作面糊。加入蛋白后再加刨丝橙皮。这里只使用柑橘的表皮，因为内侧的白色部位会有苦涩味。

2 将面糊填入装有平口锯齿花嘴的挤花袋中。在铺有烘焙纸的烤盘上挤出长约7cm的长条状面糊。

3 紧邻着长条状面糊边再挤一条。单挤一条烤好后容易断裂，所以两条一组。挤花面糊的厚度、宽度和长度都要一致。

4 在中间撒上杏仁碎，用手指轻压。若只是撒上去，烤好后容易脱落。

5 放入预热至180℃的烤箱中烘烤10分钟左右。

6 参照P.11以隔水加热方式融化巧克力，仅将饼干边角部位浸在融化的巧克力酱中。甩掉多余的巧克力酱，排列在烘焙纸上，放入冰箱冷藏室中让巧克力凝固。

〝 **改良版** 〞

可可风味

将低筋面粉减至60g，加入4g可可粉，以同样方式制作面糊。撒上熟可可粒，放入烤箱中烘烤。最后以披覆用牛奶巧克力装饰。

波浪饼

夹心饼

马蹄饼

Christmas cookies
圣诞饼

用相同的花嘴挤出各式各样的饼干，依个人喜好使用不同的巧克力装饰。用肉桂粉和可可粉调味，或者抹上果酱作为夹层，只要多花点心思，饼干种类就会很丰富。最后用亮粉装饰，朴素淡雅的饼干摇身一变成为圣诞佳节最适合的美丽赠礼。

马蹄饼

材料　约45个分量
使用8齿5号星形花嘴
基础造型挤花类型面团
（参照P.33）……………1单位
肉桂粉………………………适量
披覆用巧克力（黑巧克力、牛奶巧克
力、白巧克力等随意）………适量

制作方法

1 参照P.33制作面糊。加入低筋面粉的同时加入肉桂粉。将面糊填入装有星形花嘴的挤花袋中，在烘焙纸上挤出纵向长度3cm的马蹄形面糊。放入预热至180℃的烤箱中烘烤9～10分钟。

2 参照P.11以隔水加热方式融化巧克力，将饼干两端浸在融化的巧克力酱中。甩掉多余的巧克力酱，排列在烘焙纸上，放入冰箱冷藏室中凝固。装入密封容器中，置于阴凉处或冰箱冷藏室中保存。

改良版
波浪饼（约18块）

制作方法

1 参照P.33制作面糊。将低筋面粉减至60g，加入4g可可粉，以同样方式制作面糊。将面糊填入装有星形花嘴的挤花袋中，在烘焙纸上挤出长8cm的波浪形面糊。放入预热至180℃的烤箱中烘烤12分钟。

2 饼干的半边（长边）浸在融化的披覆用白巧克力酱中，撒上银色糖珠，放入冰箱冷藏室中凝固。

夹心饼（约25组）

制作方法

1 参照P.33制作面糊。加入蛋白后，再加入1/3个刨丝柠檬皮。将面糊填入装有星形花嘴的挤花袋中，以画小漩涡的方式挤出直径2cm左右的圆形挤花。放入预热至180℃的烤箱中烘烤12分钟。

2 杏桃果酱放入微波炉中加热软化，涂抹在饼干内侧，与另外一块饼干黏合。

3 饼干的半边浸在自己喜欢的披覆用巧克力酱中，撒上金粉，放入冰箱冷藏室中凝固。

Step 2

享受独特口感与风味

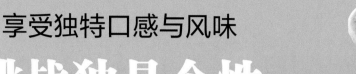

挑战独具个性
的面团

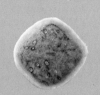

打发蛋白类型、完全不加水类型、使用焙煎粉料类型，从基础面团入门，进一步精进配料的组合与制作方法，在这里将为大家介绍活用各种口感与风味，充满独特个性的多样化面团。只要在外观和装饰上下点功夫，就能制作出各式各样独具巧思的手工饼干。

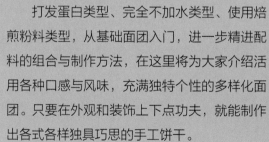

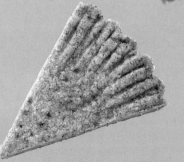

Duchesse

女公爵饼

饼干棒

果酱夹心饼

女公爵饼

Duchesse
女公爵饼

打发蛋白制作蛋白霜，再与粉料拌合在一起。外观形似猫舌饼干，但较厚，口感也较软。这里将加入榛果粉与橙皮，制作独具个人特色的风味。使用相同的面团，稍微改变外形、加入果酱当夹心，打造3种截然不同的精致手工饼干。

材料　约50片分量

使用7mm（7号）圆形花嘴

蛋白	35g
糖粉（制作蛋白霜用）	20g
榛果粉	20g
杏仁粉	20g
低筋面粉	10g
糖粉	20g
刨丝橙皮	少许
无盐黄油	25g
披覆用巧克力（牛奶巧克力）	30g

※没有榛果粉时，将杏仁粉增加至40g。

制作方法

1 制作蛋白霜。打发蛋白，开始膨胀有分量时加入20g糖粉，继续打发。

2 打发至干性发泡（泡沫坚硬挺立的程度）。

3 筛入榛果粉、杏仁粉、低筋面粉和糖粉。

4 使用橡皮刮刀大幅度搅拌，搅拌至没有粉末残留。

5 橙皮和黄油混合，用微波炉加热融化后倒进去。

6 整体充分搅拌均匀。

7 填入装有圆形花嘴的挤花袋中，在铺有烘焙纸的烤盘上挤出直径2.5cm的圆形面糊。花嘴不要提得太高，挤花面糊才会漂亮。烘烤时面糊会向四周扩大，所以挤花时面糊之间要有足够的间隔。

8 放入预热至180℃的烤箱中烘烤5分钟后，改170℃再烘烤8~9分钟，烤到中心部位还有些留白。饼干放凉备用。参照P.11融化巧克力，并填入塑料制挤花袋中。挤花袋前端剪开一个小孔，在饼干表面挤线条。放入冰箱冷藏室中凝固。

🎀 改良版 🎀
饼干棒

制作方法

1 面糊制作完成后，填入装有圆形花嘴的挤花袋中，挤出长6cm的长条状面糊。

2 适量地撒上切碎的榛果，用指尖轻压一下。

3 放入烤箱中烘烤，放凉备用。参照P.11融化披覆用巧克力，使用抹刀涂抹在饼干内侧，放入冰箱冷藏室冷却凝固。

🎀 改良版 🎀
果酱夹心饼

制作方法

1 面糊制作完成后，填入装有圆形花嘴的挤花袋中，挤出直径2cm的圆形面糊，表面撒满杏仁碎。

2 倾斜烘焙纸，倒掉多余的杏仁碎，小心不要让圆形面糊变形。放入烤箱中烘烤。

3 取适量杏桃果酱放入微波炉中加热，在饼干内侧抹一些当做夹心。

Short Bread
苏格兰黄油酥饼

苏格兰黄油酥饼，一款非常简约的饼干。完全不加水，仅用大量黄油制作面团，可以享受极为浓郁香醇的风味。另外，因使用较多黄油，不会有面粉出筋的问题，所以即使饼干厚一些，依然有酥脆的口感。这里将为大家介绍切片的圆形"衬裙的尾巴（petticoat tail）"，以及使用菊花切模加刻纹制成贝壳状的苏格兰黄油酥饼。

材料　使用直径15cm的塔模

低筋面粉 ························· 75g
糖粉 ····························· 25g
无盐黄油 ························· 50g
刨丝柠檬皮 ·················· 1/3个份
精白砂糖（装饰用）············ 适量

※以浓缩咖啡espresso专用且研磨得极细的咖啡粉3g取代刨丝柠檬皮，就可以制作浓缩咖啡风味的苏格兰黄油酥饼。

制作方法

1 将精白砂糖以外的材料全部倒进食物调理机中。

2 启动食物调理机，将黄油搅拌至细粉状。

3 继续搅拌至整体呈湿润松散状。

4 轻轻揉成一团，并整形成圆盘状。

5 将面团铺在塔模里，铺满整个底部。

6 使用叉子在边缘压出纹路。因烘烤时面团会膨胀，纹路会变浅，所以压纹路时要稍微压深一点，并用叉子尖端在面团中间戳洞。

Point

事先戳洞，即使面团再厚，里层也能够烤熟。

苏格兰黄油酥饼

7 在整个面团上轻轻撒上精白砂糖。

8 放入预热至180℃的烤箱中烘烤
20～22分钟。趁热用刀子切片。一
旦冷却变硬，就无法整齐地切开饼干。
刚出炉的饼干很软，最好冷却后再脱
模，这样不会变形。

ଓ 改良版 ଓ

格雷伯爵茶贝壳饼

1 用3g切细碎的格雷伯爵茶茶叶取代
刨丝柠檬皮，以相同方式制作面
团。用擀面棍擀成厚度为4～5mm的面
皮。使用食物调理机或杵臼碾碎茶叶也
可以。

2 使用直径6cm的菊花切模压切形
状，间隔排放在铺有烘焙纸的烤盘
上。剩余的面皮揉成团，擀成相同厚度
的面皮后再压切形状。

3 用刀背在菊花面皮上深深地印上纹
路。

4 整体撒上精白砂糖，放入预热至
180℃的烤箱中烘烤15分钟。刚出
炉的饼干还很软，冷却后再从烘焙纸上
移开。

日式猫舌饼干&日式萨布雷酥饼

Wa langue de chat & Wa Sablée
日式猫舌饼干&日式萨布雷酥饼

法语langue de chat是"猫舌头"的意思，这款饼干因又薄又脆且形似猫舌头，所以取名为猫舌饼干。加入生姜与黑芝麻糊，不仅口感轻盈，还增添一股日式特有的气息。用冰箱小西饼面团搭配和果子专用模具来制作萨布雷酥饼，烤出来的饼干会比使用切模面团制作的饼干还硬脆。这两款饼干都是日本茶的最佳搭配茶点。

日式猫舌饼干

材料　约50片分量	
使用7mm（7号）圆形花嘴	
无盐黄油	25g
糖粉	25g
蛋白	25g
杏仁粉	15g
低筋面粉	15g
刨丝生姜	5g
糖水镜面	
糖粉	15g
水	2～3g

2 填入装有圆形花嘴的挤花袋中，在铺有烘焙纸的烤盘上间隔地挤出直径2cm的圆形面糊。放入预热至170℃的烤箱中烘烤8～10分钟，烤到中心部位还有些留白。

制作方法

1 黄油放置室温下回软，搅拌至鲜奶油状。依序放入糖粉、蛋白、杏仁粉和过筛低筋面粉，充分搅拌至滑顺，再加入生姜拌匀。

3 将糖粉和水混合，制作糖水镜面，迅速涂抹在饼干表面，放置室温下冷却凝固。

❧ 改良版 ❧

制作黑芝麻饼干时，用10g黑芝麻糊取代生姜制作面团，挤成小球后再撒上黑芝麻，同样放入烤箱中烘烤。

日式萨布雷酥饼

材料　各色约50片分量

使用和果子专用模具（葫芦、千鸟、
菊花花瓣、树叶、龟壳）、蔬菜专用
模具（桔梗、樱花、梅花等）
原味面团

低筋面粉	70g
糖粉	35g
杏仁粉	20g
无盐黄油	45g
牛奶	6g

※芋头口味面团使用8g芋头粉（市
售）；抹茶口味面团使用3g抹茶粉；焙
茶口味面团使用3g焙茶粉，制作各种面
团时，请将各种风味粉与粉料一起加进
原味面团中。

将没有形成大理石花纹的部分切割下
来，叠在面团上，再次用擀面棍擀平。

Point

制作方法

1 参照P.24步骤1～5分别制作原味、芋头、抹茶、焙茶口味面团。各种风味粉与粉料一起加进去。事先将原味面团分成3等份。

2 分别将芋头口味面团、抹茶口味面团和焙茶口味面团在烘焙纸上擀成3mm厚的面皮，放入冰箱冷藏室冷却变硬。使用喜欢的切模压切形状，间隔排放在烘焙纸上。

3 制作大理石花纹的面皮。分别将各色剩余的面团与原味面团切碎，并将各色面团与各1/3分量的原味面团随机排列在一起。用擀面棍将切碎的面团擀成一团，擀成厚3mm的面皮。

4 放入冰箱冷却后，再次压切形状。

5 放入预热至160℃的烤箱中烘烤5分钟后，改150℃再烘烤12～13分钟，避免颜色烤得过深，以低温慢慢烘烤。

Sio Sablée
咸味萨布雷酥饼

带有清淡咸味的萨布雷酥饼，非常合适作为轻食料理或茶点。在多变切模面团中加入烘焙小麦胚芽，香气更迷人，松脆的口感更具独特性。涂抹添加咖啡的蛋液，烘烤出来的美丽颜色令人垂涎三尺。

材料　约12片分量

使用直径6.5cm菊花切模

低筋面粉⋯⋯⋯⋯⋯⋯⋯⋯⋯60g
糖粉⋯⋯⋯⋯⋯⋯⋯⋯⋯⋯⋯35g
杏仁粉⋯⋯⋯⋯⋯⋯⋯⋯⋯⋯25g
烘焙小麦胚芽（市售）⋯⋯⋯10g
盐（推荐使用盖朗德盐）⋯3～4g
无盐黄油⋯⋯⋯⋯⋯⋯⋯⋯⋯40g
牛奶⋯⋯⋯⋯⋯⋯⋯⋯⋯⋯⋯⋯8g
涂抹用蛋液
　蛋黄⋯⋯⋯⋯⋯⋯⋯⋯⋯⋯1个
　即溶咖啡粉⋯⋯⋯⋯⋯⋯少许
　水⋯⋯⋯⋯⋯⋯⋯⋯⋯⋯⋯⋯5g

制作方法

1 参照P.14，加入烘焙小麦胚芽和盐制作面团。用擀面棍在烘焙纸上擀成20cm×20cm大小的面皮，放入冰箱冷藏室冷却变硬，然后使用直径6.5cm菊花切模压切形状。将菊花面皮排列在铺有烘焙纸的烤盘上。剩余的面皮揉成团，擀成相同厚度的面皮后再压切形状。

2 在充分打散的蛋黄中加入用水冲泡的即溶咖啡，视颜色状态慢慢添加调色，制作褐色的涂抹用蛋液。

3 刷子尽量放平，勿太薄，勿太厚，将蛋液均匀地涂刷在饼干面皮表面。

4 使用小叉子和直径1cm圆形花嘴在饼干面皮上描画花纹。放入预热至180℃的烤箱中烘烤10～12分钟，烤到饼干呈充满香气的金黄色。

Point

描画花纹时，不要过于用力，将叉子尽量放平，轻轻划过表面的蛋液及面皮。

可可风味

草莓风味

原味

52

Meringues
蛋白霜饼干

蛋白霜甜点容易给人"甜腻"的印象，但小小一个，若添加各种不同风味粉，或者浸在巧克力酱中，外表单调的蛋白霜立即变身成充满酥脆口感、浓郁风味的高级甜点。为避免烤得过于焦黄，改用低温烘烤方式，呈现美丽色泽是蛋白霜饼干的制作重点之一。

材料　约40个分量

使用8齿的9号星形花嘴

蛋白	30g
砂糖	60g
水	20g
冷冻干燥草莓片	适量
披覆用巧克力（白巧克力）	适量
冷冻干燥草莓粉	适量

制作方法

1 制作意式蛋白霜。将蛋白倒入直径约18cm的搅拌盆，打发至柔软有分量感。在这个步骤中若没有充分打发，之后加入糖浆，挤出来的蛋白霜饼干无法漂亮成形。

2 小锅里倒入砂糖和水，用中火熬煮糖浆，温度达118℃就关火。一边高速打发1的蛋白，一边慢慢将糖浆加进去。

Point

糖浆温度太低，蛋白霜会过于松软，但温度太高，蛋白霜会因为上色而无法呈现雪白的颜色，因此糖浆的温度非常重要！另外，将糖浆一口气加进去，蛋白霜会结块，所以要如同涓涓流水般慢慢加。

3 打发至具有光泽且泡沫坚挺的蛋白霜。

4 将蛋白霜填入装有星形花嘴的挤花袋中，在烘焙纸上挤出直径2.5cm的圆形面糊。

蛋白霜饼干

5 依个人喜好撒上冷冻干燥草莓片，放入预热至100℃的烤箱中烘烤70~90分钟。依挤花大小及室内湿度调整烘烤时间。

Point

用手拨开，若中心部位也确实烘干，就可以了。由于蛋白霜饼干容易受潮，请放入密封容器中保存。

6 参照P.11以隔水加热方式融化巧克力，视颜色状态加入适量冷冻干燥草莓粉。将蛋白霜饼干底部浸在巧克力酱中，排列在烘焙纸上，放入冰箱冷藏室使巧克力凝固。最后与干燥剂一同放入密封容器中，置于阴凉处或冰箱冷藏室中保存。

改良版

草莓风味

意式蛋白霜制作好之后，使用泡茶滤网筛入4~5g冷冻干燥草莓粉，用橡皮刮刀充分拌匀，以同样方式挤花、烘烤。

可可风味

1 意式蛋白霜制作好之后，使用泡茶滤网筛入7~8g可可粉，用橡皮刮刀充分拌匀。

2 以同样方式挤花，撒上熟可可粒后放入烤箱中烘烤。将饼干底部浸在融化的黑巧克力酱中，放入冰箱冷藏室中凝固。

Préor

年轮派饼

55

Préor
年轮派饼

多次折叠的派皮上卷入香气迷人的可可泥，切片后擀平，就会变身成美丽的年轮状派饼。多层次的薄片，可以享受到派饼独特的口感。最后涂刷焦糖，就能产生如花林糖般的香气与酥脆感。

材料　约18片分量

高筋面粉	70g
低筋面粉	70g
无盐黄油	12g
盐	3g
冷水	65g
醋	3g
无盐黄油（裹入用）	85g
可可粉	4g
蛋白	8g
精白砂糖（装饰用）	适量

制作方法

1 在搅拌盆中放入高筋面粉、低筋面粉、12g室温下回软的无盐黄油与盐，再加入冷水和醋，使用塑料面刀充分翻搅拌匀。

Point

过度搅拌会因面粉出筋而变得黏稠，不易擀压，这点要特别注意！搅拌至松散状，还有些残粉的程度就好。

2 装入塑料袋中，由上往下压，将松散状的面团压成一整块。放入冰箱冷藏室饧面至少1个小时。

3 将冷却成固体状的裹入用黄油分切成1cm厚，在保鲜膜上排列成正方形，用保鲜膜包覆起来，再用擀面棍将黄油擀成边长13cm的正方形备用。

4 撒上手粉（材料外），将2擀成边长20cm的正方形面皮，并将3的黄油摆在面皮中间。将面皮的4个角拉起来，往中间裹住黄油，收口处用手指捏紧。接下来的步骤要尽量加快速度，避免黄油融化。

5 撒上手粉，将4擀成纵向长度为横向长度3倍的大小。

6 上下各往中间折3折。使用擀面棍轻压面皮，让面皮与黄油密合。

7 转向90°，再次擀平成纵向长度为横向长度3倍的大小，同样折成3折。装入塑料袋中，放入冰箱冷藏室饧面至少1个小时。折3折的动作再重复2次。

8 用擀面棍擀成18cm×34cm大小的长方形面皮，放入冰箱冷藏室使面皮紧实。

9 充分拌匀可可粉和蛋白，使用橡皮刮刀薄薄地涂抹在面皮上。为了卷起面皮时容易固定，上端1cm处不要涂抹可可泥。

Point

可可泥若涂抹得太厚，之后撒上精白砂糖时会因为过于黏糊而不易擀压，所以薄薄一层就好。

10 从近身侧开始向前卷，卷紧以免空气进入。

11 卷至最末端时，用手指捏紧接缝处。用保鲜膜包起来放入冰箱冷藏室饧面至少1小时。面皮经冷藏后会变硬，分切时会比较工整漂亮。

12 用刀子切成1cm厚的圆片状。

13 将精白砂糖倒在烘焙纸上，把切好的圆片状面皮在砂糖上擀成长条状薄片。再撒一些精白砂糖，翻面后擀平。多翻面几次，直到面皮的厚薄一致且长度约16cm为止。

14 排列在烘焙纸上，放入预热至200℃的烤箱中烘烤12分钟。

15 整体呈金黄色时，将烤箱温度调高至220℃再烘烤2分钟左右。

16 整体呈焦糖色时从烤箱中取出。饼干表面的焦糖冷却后会凝固变硬，为避免受潮，要装入密封容器中，并置于阴凉处保存。放在冰箱里容易受潮，所以不要置于冰箱中保存。

Polloné

西班牙传统小饼

　　西班牙庆典中常见的"传统小饼"，以添加坚果的口感与各种风味粉的方式，让小饼有别具一格的呈现。使用烘烤过的低筋面粉制作面团，饼干既不黏稠，还有种入口即化的绵密感。这种饼干易碎，若要送人，建议不要硬塞，只要整齐摆放在盒子里，再漂亮地包装一下即可。

核桃口味

抹茶芝麻口味

黑糖咖啡口味

草莓柠檬口味

核桃口味

材料　20~30个分量

低筋面粉·······························60g
核桃·····································15g
糖粉·····································30g
杏仁粉···································40g
无盐黄油·································50g
防潮糖粉或枫糖（装饰用）······适量

制作方法

1 将低筋面粉摊放在铺有锡箔纸的烤盘上。放入预热至200℃的烤箱中烘烤12~13分钟，开始呈金黄色时取出待凉。

2 在食物调理机中倒入1的低筋面粉、糖粉、杏仁粉和固体状黄油，再放入切碎的核桃，轻轻搅拌至所有材料充分混合在一起。

3 将拌匀的2倒在烘焙纸上。因为内有小颗粒，不易搓揉成团，所以要稍微按压一下。

4 用擀面棍将3擀成1cm厚的长方形面皮。盖上保鲜膜，连同烘焙纸一起放入冰箱冷藏室饧面至少30分钟，让面皮变紧实。

5 切成2.5cm大小的块状。

> **Point**

使用小型切模压切形状也可以。

6 排列在铺有烘焙纸的烤盘上，放入预热至150℃的烤箱中烘烤25分钟，烤至稍微呈金黄色。刚出炉的饼干很软，放凉之前不要触摸。

7 完全放凉后，在搅拌盆中倒入防潮糖粉或枫糖，每次在搅拌盆里放2或3个饼干，裹上糖粉，轻轻甩掉多余的，放入密封容器中保存。

❧ 改良版 ❧

黑糖咖啡口味

步骤2中加入3g即溶咖啡粉，饼干出炉后撒上黑糖粉。

抹茶芝麻口味

步骤2中用15g黑芝麻取代核桃，饼干出炉后撒上拌有适量抹茶粉的防潮糖粉。

草莓柠檬口味

步骤2中用少许刨丝柠檬皮取代核桃，饼干出炉后撒上拌有适量冷冻草莓干粉的防潮糖粉。

Sablés salée
咸酥饼

咖喱、罗勒等具有独特香气的咸酥饼，一口一个停不下来的好滋味。为了强调咸味与香气，省略冰箱小西饼面团中的杏仁粉，并且将糖粉用量减至最少，是一款最适合搭配啤酒或葡萄酒的饼干。

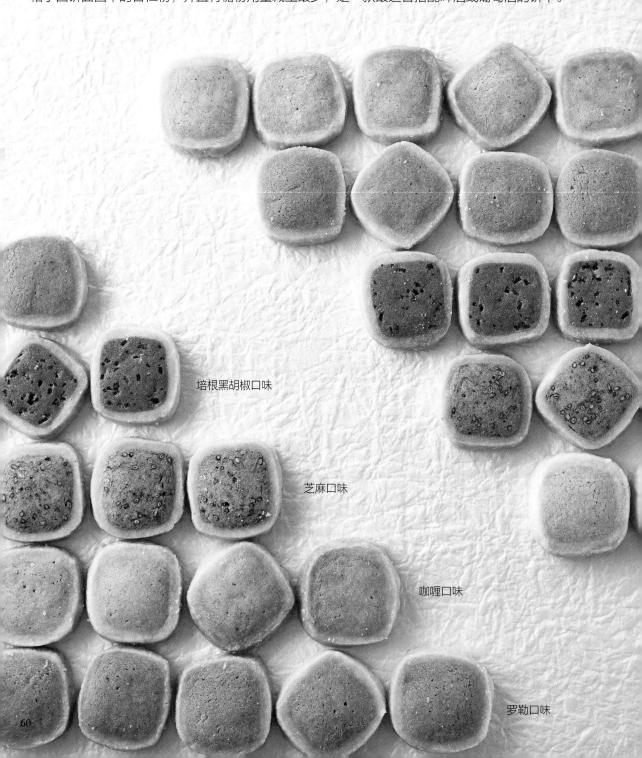

培根黑胡椒口味

芝麻口味

咖喱口味

罗勒口味

咖喱口味

材料　约25片分量

咖喱口味咸酥饼面团

低筋面粉	40g
糖粉	7g
盐（推荐使用盖朗德盐）	1g
无盐黄油	25g
牛奶	3g
姜黄	少许
咖喱粉	1~2g

原味咸酥饼面团

低筋面粉	25g
糖粉	5g
盐（推荐使用盖朗德盐）	1g
无盐黄油	17g
牛奶	2g

※使用姜黄是为了上色，若没有姜黄，不用也无妨。

制作方法

1 参照P.24的冰箱小西点面团，制作咖喱风味的咸酥饼面团。这里用盐、姜黄和咖喱粉取代杏仁粉。

2 将1揉捏成长20cm，切面边长2cm的长方体，用保鲜膜包覆，置于托盘上，放入冰箱冷冻室让面团变硬。

3 以同样方式制作原味的咸酥饼面团。撒上手粉（材料外），在烘焙纸上擀成8cm×20cm大小的长方形面皮。重点在于厚薄一致。

4 将2的长方体面团置于3的面皮上，用面皮将面团卷起来。卷紧以免空气进入，让面皮与面团密合在一起。

5 卷至末端时，用手指捏紧接缝处。调整好形状，用保鲜膜包覆，置于托盘上。放入冰箱冷冻室使面团呈半结冻状态。

6 切成8mm厚的片状，间隔排放在铺有烘焙纸的烤盘上。放入预热至180℃的烤箱中烘烤8分钟后，改170℃再烘烤10分钟。

☙ 改良版 ☙

芝麻口味

咖喱口味的咸酥饼面团中，用5g黑芝麻取代姜黄和咖喱粉，用8g黑芝麻糊取代牛奶，使用相同方法制作面团。

培根黑胡椒口味

咖喱口味的咸酥饼面团中，用3g芋头粉和少许粗颗粒黑胡椒取代姜黄和咖喱粉。加入牛奶，再将10g切成细丝的培根干炒后放凉加进去，然后使用相同方法制作面团。

罗勒口味

咖喱口味的咸酥饼面团中，用1g抹茶粉和少许罗勒粉取代姜黄和咖喱粉，使用相同方法制作面团。

法国
巴黎&阿尔萨斯

手掌大的酥饼。在日本虽不常见，但这种尺寸在欧洲却是随处可见。

在巴黎，即使是简单大方的烤饼干也能够将橱窗布置得美轮美奂。这种气氛令人不禁赞赏"这就是巴黎啊！"

外观与马卡龙相似的"茴香饼（Pain D'Anis）"。不仅洋溢着法国人最喜欢的茴香香气，还具有非常独特的清爽香脆口感。

烤得又脆又大的蛋白霜饼干（参照P.52），是平时深受大家喜爱的甜点。

淋上巧克力酱的大蝴蝶饼与巧克力层层交叠的法式焦糖杏仁脆饼。在靠近德国边境的阿尔萨斯，两个国家的文化和谐地共存于一个美丽的橱窗中。

拉脱维亚共和国
里加

拉脱维亚位于波罗的海三国的正中央，在这里邂逅了美味的莓果塔，饼干上摆满当地盛产的莓果。

在市集上发现鹭鸶形状的饼干与蛋白霜饼干。除此之外，还有许多精致的手工饼干。

Paris　Alsace

Madrid
Toledo

西班牙
马德里

在欧洲，西班牙是屈指可数的杏仁生产地。橱窗里摆满使用优质杏仁制作的美味饼干。

原是圣诞节甜点的"西班牙传统小饼"，现在已是甜点店里常设的招牌饼干。

马德里的代表性甜点店"Casa Milà"。店里将西班牙传统小饼包装得如同糖果一样可爱。

"杏仁面果"是马德里近郊的古都托雷多的名产，饼干充满浓浓的杏仁香味。有形形色色的可爱外形，有些外表还有美丽的霜饰。

种类多样化
欧洲各国的饼干

每次出国旅行，我必会造访当地的糕饼店。店里摆满使用特产食材、搭配宗教意义、独具当地特色的各式蛋糕饼干，通过这些蛋糕饼干，能够充分了解当地的文化，更重要的是可以大大满足口腹之欲。

特别是欧洲地区，从单纯烘烤的基本类型到外观装饰华丽的精致类型，各国都有各自形形色色的饼干。这些将玻璃橱窗装饰得华丽耀眼的饼干，都是我撰写食谱时的最佳参考范本。

大家有机会到海外走走时，别忘了好好参观一下足以展现当地特色的美丽饼干哦。

 ## 奥地利
维也纳

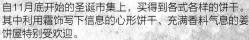

自11月底开始的圣诞市集上，买得到各式各样的饼干。其中利用霜饰写下信息的心形饼干、充满香料气息的姜饼屋特别受欢迎。

装饰得非常可爱的圣诞饼干，小巧又绚丽，光是欣赏就令人感到心旷神怡。

意大利
西西里岛

糕饼店里用托盘盛装各式各样的饼干，可以依个人喜好选择自己想要的类型，请店家帮忙简单包装。

使用当地生产的新鲜杏仁与开心果制作的饼干。饭店提供的早餐中通常也会附上几款美味的饼干。

使用杏仁膏制作的"杏仁面果（Frutta di Martorana）"也和各式饼干陈列在一起。一般多为水果外形，但近年来有越来越多如此可爱的造型！

Step 3

口感多样化，更唯美、更新颖
面团与鲜奶油霜的组合

松脆的酥饼面团搭配香气迷人的牛轧糖；松软的饼干面团搭配黏稠的甘那许；不同口感的面团搭配鲜奶油霜，通过各种不同的组合，饼干的色香味等级顿时提升。虽然调整烘烤时间与鲜奶油霜的软硬度需要高超技巧，但饼干出炉后，外观将更唯美，口感将更新颖。

Mirroire

镜面风小饼

Mirroire
镜面风小饼

清爽的达克瓦兹蛋糕体面糊搭配浓郁的杏仁馅。撒上满满的杏仁碎，制作出崭新的味道与口感。另外，在饼干中央涂抹果酱和糖水镜面，如一面明镜般的高级饼干瞬间呈现在眼前。香脆口感无负担，是下午茶茶点的最佳选择。

材料　约50个分量

使用7mm（7号）圆形花嘴

杏仁馅

无盐黄油	10g
砂糖	10g
全蛋	10g
杏仁粉	10g

达克瓦兹蛋糕体面糊

蛋白	30g
糖粉（制作蛋白霜）	8g
杏仁粉	30g
糖粉	30g
低筋面粉	6g

杏仁碎	适量
杏桃果酱或覆盆子果酱	
（事先过筛）	适量

糖水镜面

糖粉	13g
柠檬汁	2~3g

要搅拌至没有粉状颗粒残留。但要特别注意，若过度搅拌，一旦气泡消失，面糊会容易塌陷。

Point

制作方法

1 依序将砂糖、全蛋、杏仁粉加入放置室温下回软的黄油中，充分拌匀制作杏仁馅。

2 制作达克瓦兹蛋糕体面糊。打发蛋白，打出分量后加入8g糖粉。继续打发至泡沫坚硬挺立的蛋白霜。

3 筛入杏仁粉、30g糖粉、低筋面粉，使用橡皮刮刀搅拌均匀。

4 将3填入装有花嘴的挤花袋中，在烘焙纸上挤出长度约3cm的椭圆形。

5 撒上大量的杏仁碎。

6 倾斜烘焙纸，倒掉多余的杏仁碎。小心勿让挤花面糊变形。

7 将杏仁馅装入塑料挤花袋中，尖端剪开5～6mm大小的开口。将杏仁馅挤在6的环状面糊中间。

8 放入预热至180℃的烤箱中烘烤5分钟后，改170℃再烘烤7分钟。

9 用微波炉加热果酱，使用刷子或水彩笔将果酱涂抹在杏仁馅上。

10 搅拌混合糖粉和柠檬汁，制作黏稠但会流动的糖水镜面。若觉得糖水镜面太稀软，可再加入一些糖粉微调。

11 使用刷子或水彩笔将糖水镜面涂抹在果酱上。

12 放入预热至180℃的烤箱中烘烤1.5～2分钟，烘干糖水镜面。从烤箱取出时无论是否完全烘干，只要冷却之后就不会沾手。由于饼干容易受潮，要放入密封容器中，并置于阴凉处保存。

法式焦糖杏仁脆饼

维也纳松饼

Florentins & Wiener Waffeln
法式焦糖杏仁脆饼&维也纳松饼

厚片面团上铺满焦糖杏仁片，又香又脆的招牌甜点——法式焦糖杏仁脆饼。面团切成长条状，两端裹上牛奶巧克力，新潮又美味。维也纳松饼，在添加上新粉的脆口面团上挤一些皇家糖霜，中间用果酱做夹层，一款充满松饼风味的饼干。香脆的皇家糖霜，不仅有美丽外观，更具有为饼干口感加分的效果，美味与口感交互辉映。

法式焦糖杏仁脆饼

材料 17cm×11cm大小的分量

柠檬风味的面团

低筋面粉	60g
糖粉	25g
杏仁粉	15g
刨丝柠檬皮	1/3个份
无盐黄油	30g
全蛋	15g

焦糖杏仁片

无盐黄油	15g
砂糖	15g
蜂蜜	10g
鲜奶油	10g
杏仁片	30g
披覆用巧克力（牛奶巧克力）	适量

制作方法

1 参照P.14，按上述分量制作柠檬风味的面团。添加刨丝柠檬皮，用全蛋取代牛奶。装在塑料袋中，放入冰箱冷藏室饧面至少1小时。撒上手粉（材料外），使用擀面棍擀成17cm×11cm大小的长方形面皮。为避免烘烤后颜色斑驳不均，要将面皮擀得厚薄一致。

2 用叉子在面皮上戳洞，可以防止烘烤时面皮膨胀。

3 放入预热至180℃的烤箱中烘烤18~20分钟，当面皮七八成熟呈金黄色时就可以出炉了。

4 稍微冷却后，用锡箔纸由下往上包起来，像在面皮四周筑墙般做个锡箔盒。接下来要将焦糖杏仁片铺在上面，所以四周一定要稳固。

5 制作焦糖杏仁片。在锅里倒入黄油、砂糖、蜂蜜和鲜奶油，用中火加热，同时用耐热橡皮刮刀或拌匙搅拌。

Point

若过度熬煮，焦糖不易推展，所以搅拌至适当浓度，整体呈浅褐色时就可以关火。

法式焦糖杏仁脆饼

6 立刻加入杏仁片，充分拌匀。

7 趁焦糖还温热时，迅速铺于4的上面，均匀铺平。

8 使用橡皮刮刀压平，让整体厚度一致。若表面凹凸不平，烤出来的颜色会斑驳不均。

9 放入预热至180℃的烤箱中烘烤13~15分钟，烤至整体呈深褐色。

10 放凉3~4分钟，待焦糖表面凝固后，拨开四周的锡箔纸，再翻到背面撕掉整张锡箔纸。立刻用刀子切齐四边，并分成6等份。若饼干完全冷却变硬后才切，容易碎裂，务必趁温热时快速切成6等份。

11 参照P.11隔水加热融化披覆用巧克力酱，仅将饼干两端浸在融化的巧克力酱中，记得甩掉多余的巧克力酱。排列在烘焙纸上，放入冰箱冷藏室里冷却凝固。装进密封容器中，并置于阴凉处或冰箱冷藏室保存。

维也纳松饼

材料　13cmX20cm1个份

使用2mm（2号）圆形花嘴

加入上新粉的酥饼面团

低筋面粉	110g
糖粉	40g
杏仁粉	50g
上新粉	30g
肉桂粉	少许
无盐黄油	100g
牛奶	20g

皇家糖霜

糖粉	40g
蛋白	5或6个份

覆盆子果酱……………………100g

防潮糖粉……………………适量

制作方法

1 参照P.14，按上述分量制作添加上新粉和肉桂粉的酥饼面团。放入冰箱冷藏室饧面至少1小时，然后分成2等份。撒上手粉（材料外），用擀面棍将面团各自擀成13cm×20cm大小的长方形面皮。用叉子在面皮上戳洞，继续放入冰箱冷藏室里饧面备用。

2 将糖粉和蛋白混合搅拌，制作挤花用软硬度适中的皇家糖霜。若太稀软，可再加一些糖粉微调。

3 填入装有圆形花嘴的挤花袋中，在其中一片面皮表面挤上斜格花纹。

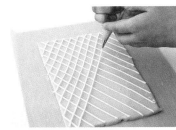

4 两片面皮都以180℃的温度烘烤18～20分钟，烤至整体呈金黄色。

5 果酱倒入小锅里，边搅拌边用中火加热。趁热涂抹在另外一片没有挤上皇家糖霜的面皮上。

6 将挤上皇家糖霜的面皮置于5涂抹果酱的面皮上，轻压一下让两块面皮密合贴在一起。刚贴合好的面皮不易切块，所以静置1天让面皮与果酱充分融合。

7 使用波浪形的小刀以前后移动的方式切齐四边，并依个人喜好切成适当大小。由于易碎，切的时候务必小心。使用糖粉筛罐或滤茶网筛上防潮糖粉。

Point

果酱若熬煮得太稀，酥饼容易受潮，切块时也容易碎裂，所以务必熬煮至有点浓稠度。

Disque
圆盘奶酥

多变切模类型面团上绕一圈造型挤花类型面团，中间再用巧克力或果酱装饰。西伯利亚蛋糕的华丽风貌，非常适合用来装饰派对或作为赠礼。只要稍微改变挤花方式、添加各种风味粉，挤上不同装饰配料，就能制作出各式各样精彩组合的饼干。

材料 约20片的分量

使用直径4.5cm菊花切模、
8齿5号星形花嘴

基础多变切模类型面团

　低筋面粉·····················70g
　糖粉··························25g
　杏仁粉·······················25g
　无盐黄油·····················50g
　牛奶···························4g

基础造型挤花类型面团

　无盐黄油·····················45g
　糖粉··························25g
　蛋白··························10g
　低筋面粉·····················65g
披覆用巧克力（黑巧克力、牛奶巧克力、白巧克力等随意）··········适量
杏桃果酱或覆盆子果酱（过筛）····适量
金粉（没有亦可）···············适量

※制作可可饼干时，每种面团的低筋面粉用量都减至60g。基础多变切模类型面团改添加12g可可粉；基础造型挤花类型面团改添加4g可可粉，皆以同样方式制作面团。

制作方法

1 参照P.14制作基础多变切模类型面团。在烘焙纸上将面团擀成22cm×22cm大小的正方形面皮，放入冰箱冷藏室紧实面皮后，再使用菊花切模压切形状。剩余的面皮揉成团，擀成相同厚度的面皮后再压切形状，总共做20片菊花面皮。间隔排放在铺有烘焙纸的烤盘上，用叉子在中间戳洞，放入冰箱冷藏室里饧面备用。

2 参照P.33制作基础造型挤花类型面团。填入装有星形花嘴的挤花袋中，在1菊花面皮的边缘挤一圈，稍微偏内侧些，小心不要突出面皮。

3 放入预热至180℃的烤箱中烘烤4分钟后，改170℃再烘烤11～12分钟。

也可以使用星形花嘴在面皮边缘挤一圈小小的星形挤花。

Point

4 参照P.11以隔水加热方式融化披覆用巧克力，用汤匙舀入中间的凹洞中，依个人喜好撒上金粉后，放入冰箱冷藏室冷却凝固。装进密封容器中，置于阴凉处或冰箱冷藏室里保存。若要使用果酱（过筛），先用微波炉加热使果酱变软，同样舀入凹洞中。

玛格丽特饼干

眼镜饼干

巧克力玛格丽特饼干

Lunettes & Marguerite
眼镜饼干&玛格丽特饼干

　　制作酥饼面团，压切形状后在面皮上挖洞，填入香甜可口的焦糖杏仁。酥饼中加入咖啡风味的眼镜饼干；原味面团搭配可可面团的玛格丽特饼干。组合方式与法式焦糖杏仁脆饼相同，但眼镜饼干与玛格丽特饼干更薄更脆，轻爽的美味令人爱不释手。

74

眼镜饼干

材料　约14片的分量

使用长直径9cm椭圆形模具

可可焦糖杏仁碎

砂糖	10g
蜂蜜	10g
鲜奶油	10g
可可粉	1g
熟可可粒	7g
杏仁碎	7g

咖啡多变切模类型面团

低筋面粉	70g
糖粉	25g
杏仁粉	25g
无盐黄油	50g
牛奶	4g
即溶咖啡粉	3g

※若没有熟可可粒，将杏仁碎增加到14g。

制作方法

1 制作可可风味的焦糖杏仁碎。在锅里倒入砂糖、蜂蜜和鲜奶油，边搅拌边用小火熬煮。

2 将焦糖煮出浓稠度且黏糊时关火，加入可可粉、熟可可粒和杏仁碎，粗略搅拌一下。熬煮至收干，但不能过干，过干变硬后不好切。

3 趁热用橡皮刮刀慢慢刮在烘焙纸上，整理成一条20cm长的棒状。

4 用烘焙纸将3卷起来，并用尺子等工具趁热调整为圆柱状。冷却至常温后凝固，再切成5mm宽的段。

5 参照P.14制作咖啡风味的基础多变切模类型面团。这里要加入用牛奶冲泡的即溶咖啡粉。在烘焙纸上将面团擀成19cm×22cm大小的长方形面皮，放入冰箱冷藏室紧实面皮后，再用椭圆形模具压切形状。间隔排放在铺有烘焙纸的烤盘上备用。

•••••••Point

要特别注意，若切得太厚，烘烤时焦糖杏仁碎会因为融化而脱落。

6 使用花嘴的开口端在椭圆形面皮上挖出2个直径2cm的圆洞。开洞后再移动，面皮会变形，所以将椭圆形面皮排列在烘焙纸上后再挖洞。

7 将4填入圆洞里。烘烤时焦糖融化就会填满圆洞，所以烘烤前4没有填满圆洞也没有关系。

8 放入预热至180℃的烤箱中烘烤13分钟至整体呈金黄色。

改良版

玛格丽特饼干

1 参照P.14制作基础多变切模类型面团，在烘焙纸上将面团擀成20cm×20cm大小的正方形面皮，放入冰箱冷藏室紧实面皮。使用直径4.5cm的菊花切模压切形状，排列在烘焙纸上，中心部位用直径2.5cm圆形切模挖洞。

2 如同眼镜饼干一样制作焦糖杏仁碎。这里改以15g切碎的杏仁片取代可可粉、熟可可粒和杏仁碎。同样在成形后分切成6～7mm宽的段。

3 将2填入面皮圆洞里，放入预热至180℃的烤箱中烘烤5分钟后，改170℃再烘烤7～8分钟。

改良版

巧克力玛格丽特饼干

将基础多变切模类型面团的低筋面粉改为60g，并加入12g可可粉，以相同于原味玛格丽特饼干的方法制作面团。用直径4.5cm圆形切模压切出圆形面皮，再用直径2.5cm圆形切模在中间挖洞。如同制作眼镜饼干，将可可焦糖杏仁碎填入圆洞里，放入烤箱中烘烤。

Ganache Sand
甘那许夹心

　　充满可可香气的面皮烤得又薄又脆，里面夹着浓郁香甜的黑巧克力甘那许，如同1人份小蛋糕般的精致。静置一段时间，面皮与甘那许充分融合在一起，口感更加美味。甘那许中加入卡巴度斯苹果酒，成熟香气令不爱甜食的大人也爱不释手。

Ganache Sand
甘那许夹心

材料 约10片的分量

甘那许·卡巴度斯苹果酒
　甜味黑巧克力
　（可可脂含量55%）………… 165g
　鲜奶油 ……………………… 100g
　卡巴度斯苹果酒
　（苹果白兰地）………………… 15g
可可多变切模类型面团
　低筋面粉 …………………… 60g
　糖粉 ………………………… 25g
　可可粉 ……………………… 12g
　杏仁粉 ……………………… 25g
　无盐黄油 …………………… 50g
　牛奶 ………………………… 4g

※选用硬币形状的甜味黑巧克力较为方便处理。若使用巧克力砖，要事先切碎。

制作方法

1 制作甘那许巧克力酱用的框架。将厚纸板剪成2cm宽的长条状，制作一个19cm×15cm的长方框。连接处用订书针固定，置于托盘上。裁剪一张适当大小的烘焙纸铺在长方框的底部。

2 制作甘那许。将巧克力与鲜奶油倒入容器中，放入微波炉里加热。鲜奶油一开始沸腾就取出，使用打蛋器充分搅拌。

3 加入卡巴度斯苹果酒拌匀。

4 将3倒入1的框架中，抹平，放入冰箱冷冻一晚。

5 参照P.14制作可可风味的基础多变切模类型面团，将粉料与可可粉一起加进去。在烘焙纸上将面团擀成23cm×19cm大小的长方形面皮，使用派皮滚刀切成边长4.5cm大小的正方形。使用一般刀子也可以。虽然面皮薄，但尽量分切成一样大小。

6 使用直尺边缘在每个正方形面皮上压出纵横各2条直线。纵横直线的交叉处尽量错开中心点。放入冰箱冷藏室备用。

要充分搅拌至有光泽且有黏度，使其完全乳化。如果搅拌不足，容易油水分离，口感不佳。

Point

7 冷却凝固后，间隔排放在铺有烘焙纸的托盘上。因面皮薄且易碎，移动时要小心且迅速。

8 放入预热至180℃的烤箱中烘烤10~12分钟，完全放凉备用。

9 从烘焙纸上取下甘那许。温热刀子将甘那许切成边长4.5cm的正方形。每一刀都要重新擦拭且温热，这样才能将甘那许分切得漂亮又工整。操作时尽可能快速，若甘那许开始变软，可以放回冰箱冷藏室，待凝固后再继续操作。

10 将甘那许夹在8里面。放入密封容器中，置于冰箱冷藏室里保存。

⊰ 改良版 ⊱

柑曼怡香橙干邑甜酒风味

用1/6个刨丝柳橙皮和15g柑曼怡香橙干邑甜酒（柳橙风味的甜露酒）取代卡巴度斯苹果酒制作甘那许，夹在面皮里。

Wienoises
维也纳饼

　　结合可可面团和甘那许，近似半生果子的饼干。甘那许挤花、巧克力酱披覆等以4种不同方式装饰。虽然费时费力，但宛如宝石般耀眼迷人的饼干，最适合作为情人节赠礼或款待宾客。完成后静置1天再食用，味道与口感更佳。

三角维也纳饼

船形维也纳饼

夹心维也纳饼

帽形维也纳饼

夹心维也纳饼

材料　约9个分量

使用直径3.5cm菊花切模、直径1cm
圆形花嘴、8齿5号星形花嘴
可可多变切模类型面团

低筋面粉	30g
糖粉	12g
杏仁粉	12g
可可粉	6g
无盐黄油	25g
牛奶	2g

精白砂糖（装饰用）………适量
甘那许
甜味黑巧克力
（可可脂含量55%）………60g
鲜奶油………30g
覆盆子果酱………适量
榛果………3个

※选用硬币形状的甜味黑巧克力较为方便
处理。若使用巧克力砖，要事先切碎。

※榛果放入预热至180℃的烤箱中烘焙
6~7分钟备用。

制作方法

1 参照P.14制作可可风味的基础多变
切模类型面团，将粉料与可可粉一
起加进去。在烘焙纸上将面团擀成
22cm×11cm大小的长方形面皮，放入
冰箱冷藏室紧实面团。使用菊花切模压
切形状，在半数菊花面皮上用圆形花嘴
在中央挖一个圆洞，单面黏裹精白砂
糖。放入预热至180℃的烤箱中烘烤10
分钟。

2 制作甘那许。将巧克力和鲜奶油倒
入容器里，放入微波炉中加热。鲜
奶油开始沸腾时就取出，使用打蛋器充
分搅拌使其乳化。放入冰箱冷藏室冷却
凝固至适合挤花的硬度。

＜………●Point

3 将星形花嘴装入挤花袋中，在1片
中间无洞的饼干上挤一圈巧克力。

4 中间点缀少许覆盆子果酱。

5 放上1片中间有洞的饼干，挤入少
量的甘那许巧克力，将切成1/4大
小的榛子放在上面点缀即可。

甘那许过软，挤花时容易溢流；过硬，
很难挤出。如图所示，有点黏度的状态
最理想。另外，要特别留意一点，搅拌
过度会造成油水分离。

∽ 改良版 ∾

帽形维也纳饼

1 参照P.14制作一半分量的基础多变
切模类型面团，在烘焙纸上将面团
擀平成22cm×11cm大小的长方形面
皮，放入冰箱冷藏室紧实面团。使用直
径3.5cm菊花切模压切形状。同夹心饼
干一样制作甘那许，填入装有7mm圆形
花嘴的挤花袋中，在菊花面皮上挤出半
球体。

2 将事先用180℃烤箱烘烤6~7分钟
的杏仁碎撒在甘那许上，再用汤匙
舀少许用微波炉加热变软的覆盆子果酱
淋在最上面。

维也纳饼

三角&船形维也纳饼

材料 各10个分量

三角，使用直径5cm迷你塔模与直径
1cm（10号）圆形花嘴；
船形，使用长8cm船形模

巧克力酥饼面团
- 低筋面粉·····················60g
- 糖粉·························25g
- 杏仁粉·······················15g
- 肉桂粉·······················少许
- 可可粉························5g
- 泡打粉························1g
- 无盐黄油·····················35g
- 牛奶··························10g
- 蛋黄··························1个

甘那许
- 甜味黑巧克力
  （可可脂含量55%）·········120g
- 鲜奶油·······················60g

披覆用巧克力
（黑巧克力或牛奶巧克力）·······约100g
金粉、杏仁片、防潮糖粉·······各适量

※选用硬币形状的甜味黑巧克力比较方便。若使用巧克力砖，要事先切碎。

※杏仁片放入预热至180℃的烤箱中烘焙5分钟备用。

三角维也纳饼制作方法

1 参照P.24基础冰箱小西饼类型面团制作巧克力酥饼面团。将肉桂粉、可可粉和泡打粉加入粉料中，再将牛奶和蛋黄一起加进去拌匀。撒上手粉（材料外），将面糊揉成一团，用刀子分切成20等份。

2 取其中10等份的面团，揉圆后填入迷你塔模中，中心部位稍微向下压。烘烤时中心部位会膨胀，事先稍微向下压，出炉时整体的厚度才会一致。

3 放入预热至180℃的烤箱中烘烤13分钟，趁热脱膜，静置待凉。上下翻转，以底部为正面加以装饰。

4 参照P.81制作甘那许，放入冰箱冷藏室冷却凝固至适合挤花的硬度。要特别留意勿过度搅拌，以免导致油水分离。将甘那许填入装有1cm圆形花嘴的挤花袋中，挤3个圆锥体。放入冰箱冷冻室使甘那许表面凝固。

5 参照P.11以隔水加热方式融化披覆用巧克力。巧克力酱大致放凉后，将4倒着拿，让甘那许与酥饼上半部浸在巧克力酱中，甩掉多余的巧克力酱，撒上金粉装饰。甘那许浸在巧克力酱中的时间若太久，会慢慢融化，所以动作要尽量加快。装入密封容器中，置于冰箱冷藏室里保存。

船形维也纳饼制作方法

1 将剩余10等份的面团揉成细长椭圆形。

2 填入船形模中，中心部位稍微向下压。放入预热至180℃的烤箱中烘烤13分钟，趁热脱膜，静置待凉。

3 使用抹刀将剩余的甘那许平抹在2上，微调成船的形状。放入冰箱冷冻室使甘那许表面凝固

4 如同三角维也纳饼的做法，将3倒着拿，让甘那许与酥饼上半部浸在披覆用巧克力酱中。

5 趁巧克力酱尚未凝固之前，用烘焙过的杏仁片装饰，并使用糖粉筛罐撒上防潮糖粉。

枫糖栗子夹心 & 黑糖栗子夹心

枫糖栗子夹心

黑糖栗子夹心

Maple Marron Sand & Marron Sand

枫糖栗子夹心&黑糖栗子夹心

枫糖口味的饼干中间夹着用朗姆酒调味的黄油糖霜和糖渍栗子。这是长年来深受大家喜爱的好滋味。叶片外形搭配好滋味，整体洋溢着秋天气息。黑糖风味的变化款则多了一股日式的独特美味。

枫糖栗子夹心

材料　约12个分量

使用长6.5cm叶片切模

枫糖多变切模类型面团

低筋面粉	70g
糖粉	10g
枫糖	15g
杏仁粉	25g
无盐黄油	50g
牛奶	4g

黄油糖霜

蛋白	30g
砂糖	60g
水	20g
无盐黄油	70g
朗姆酒	8g

糖渍栗子 …… 适量

制作方法

1 参照P.14制作枫糖风味的基础多变切模类型面团。加入糖粉的同时将枫糖一并加进去。在烘焙纸上将面团擀成22cm×22cm大小的正方形面皮，放入冰箱冷藏室紧实面团。使用叶片切模压切形状。剩余的面皮揉成团，擀成相同厚度的面皮再压切形状，总共要24片。

2 间隔排放在铺有烘焙纸的烤盘上。用小型橡皮刮刀或刀背在叶片上描画叶脉纹路。

3 放入预热至180℃的烤箱中烘烤10~12分钟，烤至整体呈金黄色。

4 制作黄油糖霜。参照P.53制作意式蛋白霜，取35g使用。充分冷却后，将恢复室温且搅拌至变软的黄油分2次加进去，充分拌匀。

Point

蛋白霜若没有充分冷却，黄油放入时会融化，所以蛋白霜拌匀后务必完全放凉。

5 搅拌至饱含空气且变白就完成了。
　 加入朗姆酒拌匀。

6 将黄油糖霜填入塑料制挤花袋中，
　 尖端剪一个7mm大小的开口。在半
数的3背面挤2或3圈黄油糖霜，中间也
挤一些。

7 在中间的黄油糖霜上面摆放一些拨
　 开的糖渍栗子，盖上另外一片叶
片。装入密封容器中，置于冰箱冷藏室
保存。静置一天后，饼干与黄油糖霜会
更加融合，口感和味道也会更好。

1 用15g粉末状黑糖取代枫糖制作面
　 团，擀成同样大小后放入冰箱冷藏
室紧实面团。使用直径5cm圆形切模压
切形状，排列在烘焙纸上。

2 在半数圆形面皮上摆放1/4等份的
　 杏仁粒、榛果和切碎的开心果，稍
微轻压一下。不轻压一下，出炉后容易
脱落。

3 如同制作枫糖栗子夹心饼一样，烘
　 烤后挤上黄油糖霜，摆上糖渍栗子
当做夹心。

洋溢异国风情
伊朗的甜点情事

2014年秋天，我初次造访伊朗，有机会接触伊朗的甜点。伊朗人不喝酒，所以他们享受饮茶的乐趣。饮茶时最不可或缺的茶点就是坚果、海枣等水果干，以及即将向大家介绍的各式甜点。

在伊朗，无论男女都非常喜欢甜食。伊朗的糕饼店里摆满琳琅满目的西方甜点、饼干、冰激凌等，而且摆设了许多用玫瑰萃取的玫瑰水香味、番红花香味调味的波斯饼干。传统波斯甜点的特色是大量使用枫糖与蜂蜜，口感较黏稠，甜度也较浓郁。

除此之外，还有各式各样用特殊波斯风香气调味，洋溢着异国情调的派饼。这些派饼不甜不腻、口感酥脆，吃起来也较无负担。由于在外观上下足了功夫，所以每块饼干都非常吸睛。

虽然这些极具特色的糕饼在日本并不常见，但在伊朗，完美融合欧洲与中东文化的独特甜点世界正默默孕育着。

我试着重现伊朗的下午茶场景。盘里盛装着铺满坚果、一口一个的酥脆饼干，以及美味可口的水果干。左手边则是番红花风味的黄色棒棒糖。搭配的茶饮是无糖红茶，可将棒棒糖溶在红茶里作为砂糖用，也可以边嚼棒棒糖边啜饮红茶。

活用竹笼和木箱作为盛装容器，既大方又美丽！在伊朗，饼干、蛋糕等都是深得人心的赠礼。

五彩缤纷的西方甜点，海绵蛋糕里夹着鲜奶油霜和水果。当然，所有蛋糕饼干皆不含酒精。

西方糕饼的旁边陈列着使用薄派饼皮制作的波斯甜点。

路上有很多贩卖当地甜点的摊贩。特殊漩涡模样的小甜饼（Kuluche）是一款如馒头般的饼干，面团里包着核桃内馅，一口咬下，顿时散发出一股淡淡香料香气。

学会摆设诀窍，
任何人都能晋升至甜品店级别

美丽装盒，绝佳赠礼

　　接下来，让我们一起挑战一下装盒技巧，让收到的人从开启盒盖前到看见盒中内装物的瞬间，每一秒都充满惊喜！在这个单元里，将为大家介绍如何挑选适宜的礼盒、如何摆放，以及如何装饰得美轮美奂。只要装饰漂亮，饼干也会随之熠熠生辉。

经典小饼干，
美丽装盒，
最讲究的赠礼

　　没有华丽的包装，只有烘烤后呈现美丽金黄色的饼干，让我们一起将它们盛装在稳重高雅的饼干盒中。如老牌饭店的礼盒风格，最适合作为正式场合的赠礼。配合饼干盒的内格调整饼干大小，只要摆放得恰到好处，整体便会显得高雅且美味。

　　这种饼干盒通常都有很好的密封效果，只要在内格底下放入干燥剂，再用透明胶带黏紧盒盖，就能避免饼干受潮，保持如刚出炉般的酥脆可口。

❶圆盘奶酥（P.72）
配合内格大小，使用直径3.5cm菊花切模。上面的挤花则使用8齿3号星形花嘴。

❷眼镜饼干（P.74）
小饼干旁边摆放一些尺寸较大的饼干，可以平衡视觉。

❸蔷薇饼（P.35）
这里的蔷薇饼干稍微烤小一点。摆放一些用白色糖粉装饰的饼干，可以成为沉稳色调中的吸睛焦点。

❹砖瓦饼干（P.28）
不要上下重叠，改以立起方式排列，稍微斜靠
也能摆得非常美观。

❺咸味萨布雷酥饼（P.50）
加一种甜咸口味的饼干，在口感上制造变化。
配合内格大小，烤出叶片形状的饼干。

❻玛格丽特饼干（P.74）
使用小一点，直径约3.5cm菊花切模制作。添
加不同风味粉，打造多样化。

❼斑马饼干（P.28）
条纹图案的传统萨布雷酥饼给人留下深刻印
象，往往都是饼干礼盒中的主角。只要将主角
摆入盒中就可以定位，其余的搭配就会简单
许多。

❽可可萨布雷酥饼（P.26）
制作成一口一个、方便拿取的大小。

❾镜面风小饼（P.65）
红色、黄色的饼干各一种，朴素中增添一点华
丽感。

迷你糖果盒

❶女公爵饼（P.41）
依照食谱制作夹心类型的女公爵饼。

❷玛格丽特饼干（P.74）
使用直径3.5cm菊花切模制作。

❸可可萨布雷酥饼（P.26）
将面团滚成直径1.5～2cm长条棒状，切片后放入烤箱中烘烤。

❹可可·开心果萨布雷酥饼（P.26）
依照食谱制作。

❺砖瓦饼干（P.28）
塑形成切面为3cm×1.5cm的长方体，切片后放入烤箱中烘烤。

❻基础多变切模类型饼干（P.14）
使用直径3.5cm菊花切模制作，最后涂刷上皇家糖霜。

茶叶罐

❼咸味萨布雷酥饼（P.50）
使用直径4cm菊花切模制作。

❽咸酥饼（P.60）
依照食谱制作。

活用可爱空罐，
变身迷你尺寸的赠礼

　　将原本盛装红茶或糖果的漂亮空罐丢掉实在太可惜了！这些空罐、空盒都具有很好的密封性，用来保存饼干最恰当了。建议烘烤成迷你尺寸的饼干，随兴致摆放，增添个人风格。

利用透明空盒
为饼干添姿增色

　　将五颜六色的饼干装入透明塑料盒中，缤纷色彩一目了然，瞬间变身成最活泼生动的赠礼。底下放入干燥剂，再用透明胶带封盖，密封性虽不如瓶罐，但风味也能保存好一阵子。当礼物致赠亲友时，别忘了提醒对方尽早食用完毕。

❶麦岚绮饼干（P.30）
以麦岚绮饼干为标准，其他饼干的尺寸尽量配合麦岚绮饼干的大小，这样整体才会一致。

❷圣诞饼（P.38）
依照食谱制作马蹄形圣诞饼。

❸蒙蒂翁・萨布雷酥饼（P.18）
使用直径3.5cm菊花切模制作。

❹小丑（P.16）
使用蔬菜专用切模制作小花。

❺林兹・萨布雷酥饼（P.20）
使用小叶片切模制作。

❻圆盘奶酥（P.72）
使用直径3.5cm菊花切模制作。挤花时则使用8齿3号星形花嘴。

想让整体更显高贵优雅，
选用鹅蛋形纸盒

即使是市面上最常见的纸盒，只要外观形状稍加改变，给人的感觉也会随之焕然一新。特别是鹅蛋形纸盒，看起来格外高贵优雅。在如此雅致的盒中，让我们来摆放一些淋上巧克力酱、撒上金粉的精致饼干吧！因纸盒边缘有弧度，所以尽量多放一些有相同曲线的饼干，这样既美观又容易装盒。

另一方面，为避免饼干油脂渗入纸盒底部，将饼干装盒之前，记得先铺上烘焙用蜡纸。另外，因纸盒的密封性不佳，为避免饼干变质，要尽早食用完毕。

❶林兹·萨布雷酥饼（P.20）
将形状与颜色都较具冲击性的林兹·萨布雷酥饼摆在正中间，这样，可以给人既强烈又独特的第一印象。

❷米兰酥饼（P.36）
米兰酥饼既薄又纤细的外观使整体看起来更优美雅致。沿着盒子边缘摆放。

❸蛋白霜饼干（P.52）
外形轻巧可爱，口感清爽不甜腻，蛋白霜饼干在这盒饼干中也是一大重点。

❹巧克力蝴蝶饼（P.20）
摆放一些有弧度的饼干，能够强调饼干盒柔美圆润的线条。金粉装饰更显饼干的高贵华丽。

❺圆盘奶酥（P.72）
加入挤花类型的饼干，会使整体更显优雅。果酱艳丽的颜色具有增添亮眼光彩的功效。

❻女公爵饼（P.41）
缝隙部分就用小饼干填满。

❼维也纳松饼（P.68）
摆放四方形饼干时，不需要硬是沿着盒子边缘摆放，可使用一些尺寸较小的饼干填补细缝。

❽可可路克丝（P.22）
加入巧克力色彩的萨布雷酥饼，使整体更显成熟稳重。

迷你多层盒，最佳日式赠礼

过年期间款待客人时，要不要试着用多层漆盒盛装洋溢着日式风情的饼干呢？在小漆盒中（图片中为边长15cm的漆盒）摆满各式各样的饼干，整体散发出一股隆重的气氛。除了使用日式食材制作的饼干外，摆放一些用巧克力酱装饰的饼干也是不错的选择。

第一层（图片上方）

日式萨布雷酥饼（P.47）
并非随意摆放，而是依照饼干的外形加以区分，这样才具有整体性。

第二层（图片中间）

❶甘那许夹心（P.77）
❷枫糖栗子夹心（P.83）
❸黑糖栗子夹心（P.83）
将需要冷藏的夹心类饼干摆放在一起。沉稳的色调与黑色漆盒非常搭配。

第三层（图片最前方）

西班牙传统小饼（P.58）
如日式传统和果子"落雁"般的口感，非常适合作为茶点。整齐排列在一起，空气中弥漫着一股浓浓的日式情调。

五彩缤纷地盛装在日式茶罐中

日式风格的小盒子搭配日式外形的饼干，一股难以言喻的浓浓日本风。轻巧可爱又不易受潮，最适合作为赠礼。

❶日式猫舌饼干（P.47）

❷日式萨布雷酥饼（P.47）

图书在版编目（CIP）数据

　　幸福美感小饼干 /（日）熊谷裕子著；龚亭芬译
. -- 北京：光明日报出版社，2016.7
　　（熊谷裕子的甜点教室）
　　ISBN 978-7-5194-0864-0

　　Ⅰ.①幸… Ⅱ.①熊… ②龚… Ⅲ.①饼干 - 制作
Ⅳ.①TS213.2
　　中国版本图书馆CIP数据核字(2016)第120805号

著作权合同登记号：图字01-2016-4032

COOKIE DUKURI NO BIKAN TECHNIQUE
© YUKO KUMAGAI 2015
Originally published in Japan in 2015 by ASAHIYA SHUPPAN CO.,LTD..
Chinese translation rights arranged through DAIKOUSHA INC.,KAWAGOE.

熊谷裕子的甜点教室：幸福美感小饼干

著　　者：［日］熊谷裕子　　　　　译　　者：龚亭芬

责任编辑：李　娟　　　　　　　　策　　划：多采文化
责任校对：于晓艳　　　　　　　　装帧设计：水长流文化
责任印制：曹　净

出 版 方：光明日报出版社
地　　址：北京市东城区珠市口东大街5号，100062
电　　话：010-67022197（咨询）　　传　　真：010-67078227，67078255
网　　址：http://book.gmw.cn
E - m a i l：gmcbs@gmw.cn　lijuan@gmw.cn
法律顾问：北京德恒律师事务所龚柳方律师

发 行 方：新经典发行有限公司
电　　话：010-62026811　　　　E- mail：duocaiwenhua2014@163.com

印　　刷：北京艺堂印刷有限公司
本书如有破损、缺页、装订错误，请与本社联系调换

开　　本：787×1092　1/16
字　　数：90千字　　　　　　　　印　　张：6
版　　次：2016年7月第1版　　　　印　　次：2016年7月第1次印刷
书　　号：ISBN 978-7-5194-0864-0

定　　价：38.00元